應用數學實務與數據分析

主　編　●張現強、葛麗艷、黃化人
副主編　●秦春艷、周霞

前　言

  在應用型教育的前提下，數學的教育是否還是概念、性質定理以及習題？對於學生的疑惑「學習數學有什麼用？」迫切需要做出回答．在此背景下，編者編寫了本書．本書主要為會計學、金融學以及工程專業的學生而作．在學生已修完微積分以及概率統計的基礎上結合上述專業課程建設的要求，設置了大量與本專業所學內容相關的例子．回答了「數學如何應用」這一問題，讓數學迴歸到實際應用．

  本教材在內容編排上結合專業特點設置以下模塊：利息與年金、矩陣、方程組、向量代數與空間解析幾何、差分方程以及數據分析．為了讓讀者更好掌握這五個模塊的內容，編者對每個模塊在內容處理上對於涉及的理論知識進行了梳理與歸納，並介紹了經典案例來輔助理解，最後布置了相應的習題予以鞏固．每個模塊既相對獨立又緊密聯繫，使用者可以根據教學需求進行選擇與組合．

  本書的編者都是長期工作在教學一線的專業教師，具有豐富的教學經驗．本書的編寫如下：利息與年金、差分方程由葛麗豔撰寫，矩陣、方程組以及向量代數與空間解析幾何由張現強、周霞撰寫，數據分析由黃化人、秦春豔撰寫，全書由葛麗豔統稿，張現強定稿．

  本書編寫過程中參閱了不少優秀的教材以及文獻資料，謹此向這些教材以及文獻的作者以及出版單位致以誠摯的感謝！由於編者水平和時間所限，書中難免有疏漏之處，懇請各位同行以及讀者不吝批評與指正．

編者

目　錄

第一章　利息與年金 ······································ （1）

　　第一節　計算利息的要素 ································ （1）
　　第二節　利息的度量 ···································· （3）
　　第三節　年金 ·· （9）
　　習題一 ·· （19）

第二章　矩陣 ·· （21）

　　第一節　矩陣的有關概念 ································ （21）
　　第二節　矩陣的運算 ···································· （24）
　　第三節　逆矩陣 ·· （31）
　　第四節　矩陣的初等變換與初等矩陣 ······················ （34）
　　第五節　矩陣的秩 ······································ （39）
　　第六節　矩陣的應用 ···································· （42）
　　習題二 ·· （45）

第三章　線性方程組 ······································ （48）

　　第一節　消元法 ·· （48）
　　第二節　n維向量及其線性相關性 ························· （53）
　　第三節　向量組的線性相關性 ···························· （55）
　　第四節　向量組的秩 ···································· （58）
　　第五節　線性方程組解的結構 ···························· （62）
　　第六節　線性方程組的應用 ······························ （65）
　　習題三 ·· （69）

第四章　向量代數與空間解析幾何 ·························· （73）

　　第一節　向量及其線性運算 ······························ （73）
　　第二節　數量積　向量積 ································ （80）

第三節　曲線的向量表示 …………………………………… (83)
　　第四節　曲線的曲率 ………………………………………… (91)
　　習題四 ………………………………………………………… (98)

第五章　差分方程 ………………………………………………… (99)

　　第一節　差分方程的基礎知識 ……………………………… (100)
　　第二節　差分方程的求解 …………………………………… (102)
　　第三節　差分方程的應用 …………………………………… (104)
　　習題五 ………………………………………………………… (110)

第六章　數據的整理與圖示 ……………………………………… (112)

　　第一節　數據的整理 ………………………………………… (112)
　　第二節　數據的圖形展示 …………………………………… (116)
　　習題六 ………………………………………………………… (126)

第七章　數據的描述性分析 ……………………………………… (129)

　　第一節　集中趨勢的描述 …………………………………… (129)
　　第二節　離散程度的描述 …………………………………… (136)
　　第三節　分佈形狀的描述 …………………………………… (141)
　　習題七 ………………………………………………………… (142)

第八章　T檢驗與方差分析 ……………………………………… (144)

　　第一節　T檢驗實例分析 …………………………………… (144)
　　第二節　單因素方差分析 …………………………………… (147)
　　第三節　雙因素方差分析 …………………………………… (153)
　　第四節　多因素方差分析 …………………………………… (158)
　　習題八 ………………………………………………………… (164)

第九章　相關分析 ………………………………………………… (167)

　　第一節　相關分析概述 ……………………………………… (167)
　　第二節　偏相關分析 ………………………………………… (173)
　　第三節　距離相關分析 ……………………………………… (176)
　　第四節　低測度數據的相關性分析 ………………………… (178)
　　習題九 ………………………………………………………… (183)

第十章　線性迴歸分析 …………………………………………（185）

　　第一節　線性迴歸分析的基礎知識 ……………………………（185）

　　第二節　線性迴歸分析的應用 …………………………………（187）

　　習題十 ……………………………………………………………（191）

第一章 利息與年金

引言：300多年前，白人移民用**24美元的物品**，從印第安人手中買下了相當於現在曼哈頓面積大小的那塊土地，現在這塊地皮價值281億美元，與本金差額整整有11億倍之巨！如果把這24美元存進銀行，以年息**8厘(8%的年息)**計算，今天的本息就是30萬億美元，可以買下1,067個曼哈頓；以6厘計算，現值為347億美元，可以買下1.23個曼哈頓。[①]

看到上面的數據是不是很驚訝？事實上，上面這一計算並不精確.因為沒考慮通貨膨脹的因素，300多年前1美元和現在的1美元購買力是不同的.

本章將介紹利息、年金等相關概念，要求掌握相應的計算方法，並能夠進行簡單的應用.

第一節 計算利息的要素

利息也稱「利金」「子金」，是貨幣所有者因為發出貨幣資金而從借款者手中獲得的報酬.在中國，利息通常是指借貸關係中借入方支付給貸出方的報酬.而在西方，一般認為利息是指投資人讓渡資本使用權而索要的補償.

如果你到銀行存款，銀行會支付一定數額的利息給你.同樣，當你從銀行貸款，你需要支付貸款利息給銀行.利息是利潤的一部分，是利潤在借款者與貸款者之間的分割.對於一家企業或者公司，在商務活動中，需要通過各種方式向金融機構籌資，要想降低使用資金的成本，就必須研究利息的計算方法.

一、本金

本金俗稱「母金」，是貸款、存款或投資在計算利息之前的原始金額.

二、存期與計息期

存期是指存款在銀行或其他金融機構存儲的時間，若是貸款，就是指貸款期限.而**計息期**是指貸款合同規定的相鄰兩次計算利息的間隔時間.如一年計息一次，每季

[①] 摘自1993年2月8日的《上海金融報》.

計息一次,每月計息一次等.

例如,某企業向財務公司貸款1,000,000元,3年後歸還.雙方商定年利率12%.每半年計息一次.那麼,該筆貸款的貸款期限是3年,計息期為半年.

三、利率

利率是指在一定時期內,利息與本金的比率,即:利率 = $\dfrac{利息}{本金}$

例如,年初貸款1,000元,到年底還款1,100元.這筆貸款的本金為1,000元,利息為100元,則利率為10%.

(1) 利率的種類

根據計算方法的不同,分為單利和複利.

單利是指在借貸期限內,只在原來的本金上計算利息,對本金所產生的利息不再另外計算利息.**複利**是指在借貸期限內,除了在原來本金上計算利息外,還要把本金所產生的利息重新計入本金、重複計算利息,俗稱「利滾利」.

根據與通貨膨脹的關係,分為名義利率和實際利率.

名義利率是指沒有剔除通貨膨脹因素的利率,也就是借款合同或單據上標明的利率.**實際利率**是指已經剔除通貨膨脹因素後的利率.

根據確定方式的不同,分為法定利率和市場利率.

法定利率是指由政府金融管理部門或者中央銀行確定的利率.**市場利率**是指根據市場資金借貸關係緊張程度所確定的利率.

根據國家政策意向的不同,分為一般利率和優惠利率.

一般利率是指不享受任何優惠條件下的利率.**優惠利率**是指對某些部門、行業、個人所制定的利率優惠政策.

根據銀行業務要求的不同,分為存款利率和貸款利率.

存款利率是指在金融機構存款所獲得的利息與本金的比率.**貸款利率**是指從金融機構貸款所支付的利息與本金的比率.

根據與市場利率的供求關係,分為固定利率和浮動利率.

固定利率是在借貸期內不作調整的利率.使用固定利率便於借貸雙方進行收益和成本的計算,但同時,不適用於在借貸期間利率會發生較大變動的情況,利率的變化會導致借貸的其中一方產生重大損失.**浮動利率**是在借貸期內隨市場利率變動而調整的利率.使用浮動利率可以規避利率變動造成的風險,但同時,不利於借貸雙方預估收益和成本.

根據利率之間的變動關係,分為基準利率和套算利率.

基準利率是在多種利率並存的條件下起決定作用的利率,中國是中國人民銀行對商業銀行貸款的利率.**套算利率**是指在基準利率確定後,各金融機構根據基準利率和借貸款項的特點而換算出的利率.

(2) 年利率與計息期利率

年利率是指存款或貸款一年所付利息與存款本金或貸款本金的比率.

計息期利率是指一個計息期內的利率.

二者的關係是:計息期利率 $= \dfrac{\text{年利率}}{\text{一年內的計息次數}}$

例如,某筆貸款的年利率為12%,合同規定每個季度計息一次,那麼計息期利率是季利率.一年有4個季度,計息4次,所以計息期利率即:季利息 $= \dfrac{12\%}{4} = 3\%$.

又若該筆貸款合同規定每月計息一次,則計息期利率是月利率.一年為12個月,計息12次,所以計息期利率即:月利率 $= \dfrac{12\%}{12} = 1\%$.

第二節　利息的度量

一、單利

1. 單利

定義1.1　**單利**是指按照固定的本金計算的利息,是一種最簡單的計息方法.

例1　張三投資10,000元購買3年期的企業債券,該債券年利率為10%,按單利計算,3年後可獲得利息多少元?

解　投資期3年,每年計息一次,獲得的利息如表1-1所示:

表1-1　　　　　　　　單利計算表　　　　　　　　單位:元

時間	本金	年利率	利息
第一年	10,000	10%	1,000
第二年	10,000	10%	1,000
第三年	10,000	10%	1,000

通過表1-1可以知道3年後共獲得利息3,000元,本息和共計13,000元.

計算方法

一般地,單利計算公式為

$$I = P \times i \times n \quad (1-1)$$

其中,P為初始本金,又稱期初金額;i為計息期利率,通常指年利率;n為計息期期數,一般以年為單位.

如例1中,本金$P = 10,000$元,年利率$i = 10\%$,期數$n = 3$,利息總額為

$I = 10,000 \times 10\% \times 3 = 3,000(元)$.

例2　ABC公司有一張帶息期票,面額為1,500元,票面利率8%,出票日期6月

15 日,8 月 14 日到期(共 60 天),試計算到期時應支付的利息.

解 該帶息期票本金 $P = 1,500$ 元,計息期利率即票面利率 $i = 8\%$,計息期期數 $n = \dfrac{60}{360}$(一年以 360 天計),則到期時利息為

$$I = P \times i \times n = 1,500 \times 8\% \times \dfrac{60}{360} = 20(元)$$

即到期時應支付的利息為 20 元.

在計算利息時,除非特別指明,給出的利率是指年利率.對於不足一年的利息,通常以一年等於 360 天來折算.

2. 單利的終值

定義 1.2 **單利終值**是指現在的一定資金在將來某一時點按照單利方式下計算的本金與利息之和,記為 F.即 $F = P + I$,在單利計息前提下,由公式 1 - 1 有

$$F = P + P \times i \times n = P \times (1 + i \times n) \qquad (1-2)$$

其中 $1 + i \times n$ 為單利終值係數.

例 3 接例 2,ABC 公司有一張帶息期票,面額為 1,500 元,票面利率 8%,出票日期 6 月 15 日,8 月 14 日到期(共 60 天),按單利計算,問該票據到期的終值為多少元?

解 $F = P \times (1 + i \times n) = 1,500 \times (1 + 8\% \times \dfrac{60}{360}) = 1,520(元)$.

即該票據到期的終值為 1,520 元.

例 4 張三用 5,000 元購買投資債券,3 年後得到本息總額 6,650 元,按單利計算,試求該債券的年利率.

解 終值 $F = 6,650$ 元,本金 $P = 5,000$ 元,計息期數 $n = 3$.

由 $F = P \times (1 + i \times n)$ 可以知道

$$i = \dfrac{F - P}{n \times P} = \dfrac{6,650 - 5,000}{3 \times 5,000} = 0.11.$$

即該債券的年利率為 11%.

3. 單利的現值

當銀行存款的年利率為 10% 時,存入銀行 1,000 元,1 年後可以從銀行獲得 1,100 元.反過來考慮,一年後如果期望從銀行取得的 1,000 元,現在應該存入銀行多少錢? 上面涉及的問題就是資金的現值問題.

定義 1.3 **現值**是指資金折算至基準年的數值,也稱折現值.它是對未來現金流量以恰當的折現率進行折現後的價值.通俗地說現值是如今和將來(或過去)的一筆支付或支付流在當今的價值,記為 P.在單利計息的前提下,由公式 1 - 1 及 1 - 2 有

$$P = \dfrac{I}{i \times n} = \dfrac{F}{1 + i \times n} \qquad (1-3)$$

其中 $\dfrac{1}{1 + n \times i}$ 為單利現值係數.

例 5　A 家長計劃存一筆錢，3 年後用於子女的大學費用.已知存款的年利率是 5%，按單利計息.若 3 年後所需費用為 60,000 元，問現在應存多少錢？

解　該問題實質上是計算 3 年後 60,000 元的現值.已知 $F = 60,000$ 元，$i = 5\%$，$n = 3$，因此

$$P = \frac{F}{1 + i \times n} = \frac{60,000}{1 + 5\% \times 3} = 52,173.913(元).$$

即現在應存 52,174 元.

例 6　已知年利率為 5%，按單利計算，想要把 8,000 元變為 10,000 元，需要存款多少年？

解　$F = 10,000$ 元，$P = 8,000$ 元，$i = 5\%$.

由 $F = P \times (1 + i \times n)$ 有

$$n = \frac{F - P}{i \times P} = \frac{10,000 - 8,000}{5\% \times 8,000} = 5(年)$$

即若要把 8,000 元變為 10,000 元，需要存款存 5 年.

二、複利

1. 複利

定義 1.4　**複利**是指在每經過一個計息期後，都要將所產生利息加入本金，以計算下期的利息.這樣，在每一個計息期，上一個計息期的利息都將成為生息的本金，即以利生利，也就是俗稱的「利滾利」.

例 7　張三投資 10,000 元購買 3 年期的企業債券.該債券年利率為 10%.每年計息一次，按複利計算，3 年後可獲得利息多少元？

解　投資 3 年，每年計息一次，獲得利息如表 1 - 2 所示：

表 1 - 2　　　　　　　　　複利計算表　　　　　　　　單位:元

時間	期初本金	利率	利息	期末本息和
第一年	10,000	10%	1,000	11,000
第二年	11,000	10%	1,100	12,100
第三年	12,100	10%	1,210	13,310

通過表 1 - 2 可以知道 3 年後共獲得利息 3,310 元，本息和共計 13,310 元.

與例 1 的單息相比，多獲得 310 元利息.由此可見，相同本金在相同利率、相同期限的前提下，按複利計算的利息比按單利計算的利息要多.

2. 複利的終值與現值

定義 1.5　**複利終值**是指現在的一定資金在將來某一時點按照複利方式下計算的本金與利息之和，記為 F.即 $F = P + I$.

一般地，當本金為 P，計息期利率為 i，計息次數為 n，在複利計息前提下，各期的

利息及期末本息和如表1-3所示:

表1-3 複利終值計算公式推導表

時間	期初本金	利率	利息	期末本利和
第1期	P	i	pi	$p(1+i)$
第2期	$p(1+i)$	i	$p(1+i)i$	$p(1+i)^2$
第3期	$p(1+i)^2$	i	$p(1+i)^2 i$	$p(1+i)^3$
⋮	⋮	⋮	⋮	⋮
第n期	$p(1+i)^{n-1}$	i	$p(1+i)^{n-1}i$	$p(1+i)^n$

第 n 期末的本息和為:

$$F = P(1+i)^n \tag{1-4}$$

其中:n 是整個存期內的計息次數,n = 存儲年限 × 每年的計息次數;i 為計息期利率,$i = \dfrac{年利率}{每年的計息次數}$;F 為到期本金與利息的總額,即本息和,也稱為複利的終值(或將來值).$(1+i)^n$ 為複利的終值系數,通常記為 $(F/P, i, n)$.

與複利終值 F 相對應的初始本金也稱為該終值的**複利現值**.即計算複利的情況下,要達到未來某一特定的資金金額,現在必須投入的本金.由公式1-4可知

$$P = \frac{F}{(1+i)^n} \tag{1-5}$$

其中:$(1+i)^{-n}$ 被稱為複利現值系數,記為 $(P/F, i, n)$.

例8 張三用10,000元投資一項為期5年的項目,年利率為10%,試求:

(1) 按一年複利一次,到第5年末的終值是多少元?

(2) 按一月複利一次,到第5年末的終值是多少元?

(3) 按兩週複利一次,到第5年末的終值是多少元?

解 (1) 本金 P = 10,000元,一年複利一次,n = 5,計息期利率(即年利率) i = 10%.

所以第5年末的終值:$F = P(1+i)^n = 1,000 \times (1+10\%)^5 = 16,105.1(元)$.

(2) 一個月複利一次,計息次數 $n = 12 \times 5 = 60$,年利率10%,計息期利率(月利率) $i = \dfrac{10\%}{12}$.

所以第5年末的終值 $F = P(1+i)^n = 10,000 \times \left(1+\dfrac{10\%}{12}\right)^{60} = 16,453.1(元)$.

(3) 每2週複利一次,計息次數 $n = 26 \times 5 = 130$,年利率10%,計息期利率(兩週利率) $i = \dfrac{10\%}{26}$.

所以第5年末的終值:$F = P(1+i)^n = 10,000 \times \left(1+\dfrac{10\%}{26}\right)^{130} = 16,471.4(元)$.

從上例可以看出,按複利計息方式計息時,在本金、年利率、投資期限相同的條件下,計息期越短,計息次數就越多,終值也就越大.

例9 張三計劃30年之後要籌措到300萬元的養老金,假定平均的年回報率是10%,計算現在張三需要準備的本金.

解 本題實際上是計算資金現值的問題.終值$F = 300$萬元,計息次數$n = 30$,年利率$i = 10\%$.

$$P = \frac{F}{(1+i)^n} = \frac{300}{(1+10\%)^{30}} = 17.192,6(萬元).$$

可知張三若想在30年後籌措到300萬的養老金,在年回報率為10%的情形下,現在需要準備17.192,6萬元的本金.

例10 假定銀行的年利率為7%,分別按照單利和複利的方式計算,各需多少年才能使終值超過本金的2倍?

解 (1)按單利計算,設本金為P,n年後的終值為F,若n年後終值超過本金的2倍,即有

$$F \geq 2P$$

由公式(1-2)得　　　　　　　$P(1 + i \times n) \geq 2p$

將$i = 7\%$代入上式得　　　　$1 + 0.07n \geq 2$

得　　　　　　　　　　　　　$n \geq 14.3$

年數按整數計算,可知15年後初始本金可翻一番.

(2)按複利計算,若n年後的終值F超過本金P的兩倍,

由公式(1-4)得　　　　　　　$P(1+i)^n \geq 2P$

將$i = 7\%$代入上式得　　　　$(1 + 0.07)^n \geq 2$

則　　　　　　　　　　　　　$n \geq \log_{1.07} 2 \approx 10.2$

由此可知,11年後本金可以翻一番.

三、實際年利率

從例8的計算結果可以看出,在年利率固定的情況下,按複利計息,如果縮短計息期,一年中多次計息,就會增加利息,使終值增大,從而使實際年利率高於固定的年利率,我們來看下面的例子.

例11 A企業急需100萬元流動資金,B信貸公司可提供這筆貸款.貸款年利率為15%,但必須每週複利計息一次.計算一年後該企業實際支付的年利率.

解 本金$P = 100$萬元,每週複利一次,一年有52周,計息次數$n = 52$,年利率為15%,周利率$i = \frac{15\%}{52}$,一年後需要還款

$$F = P(1+i)^n = 100 \times \left(1 + \frac{15\%}{52}\right)^{52} \approx 116.158,3(萬元),$$

所支付的利息

$$I = F - P = 16\,158.3(萬元).$$

該筆貸款的實際年利率

$$i_{實} = \frac{16\,158.3}{100} = 16.158\,3\%,$$

可以知道相比於名義利率15%高1.158 3個百分點.

四、貼現

引例 假設A銀行存款的複利年利率為7%,我們存入100元,一年後可得107元.從相反的角度考慮,一年後的107元,現在的價值是100元.假定複利利率不變,5年後的100元現在的價值P是多少呢? 這實際上是已知終值求現值的問題,解決這一問題的方法為貼現,如表1-4所示。

表1-4　　　　　　　　　　貼現引例計算表

現值	利率	5年後的終值
P	7%	100

由公式(1-4)有

$$100 = P(1+7\%)^5$$

進而

$$P = \frac{100}{(1+7\%)^5} \approx 71.3(元)$$

即5年後的100元,現在的價值是71.3元.

定義1.6 **貼現**是指票據的持票人在票據到期日前,為了取得資金,貼付一定利息將票據權利轉讓給銀行的票據行為,是持票人向銀行融通資金的一種方式.

定義1.7 **貼現率**是指將未來支付改變為現值所使用的利率,或指持票人以沒有到期的票據向銀行要求兌現,銀行將利息先行扣除所使用的利率.如無特別說明,後面我們所指的貼現都為複利貼現.

貼現值計算公式為:

$$P = \frac{F}{(1+d)^n} \qquad (1-6)$$

其中F表示第n年後到期的票據金額,d表示貼現率,P表示進行票據轉讓時銀行現在付給的貼現金額.

貼現是銀行的一項資產業務,票據的支付人對銀行負責,銀行實際上與付款人之間有一種間接的貸款關係.

貼現率是市場價格,由雙方協商確定,但最高不能超過現行的貸款利率.值得注意的是,這裡所說的票據與存款的存單是不同的.票據到期只領取票面金額,沒有利息,而存單到期除領取存款外,還要領取相應的利息.

例12 張三手中持有三張票據,其中一年後到期的票據金額是500元,兩年後到期的金額是800元,五年後到期的金額是2,000元,已知銀行的貼現率為6%.現將三張票據向銀行作一次性的轉讓,銀行的貼現金額是多少?

解 由公式(1－6),貼現金額為

$$P = \frac{F_1}{1+d} + \frac{F_2}{(1+d)^2} + \frac{F_3}{(1+d)^5}$$

$$= \frac{500}{1+0.06} + \frac{800}{(1+0.06)^2} + \frac{2,000}{(1+0.06)^5}$$

$$\approx 2,678.21(元).$$

即銀行的貼現金額為2,678.21元.

第三節　年金

一、年金的概念

1. 年金的定義

定義1.7 年金是指每隔一定相等的時期,收到或付出的相同數量的款項.

現實生活中,年金運用廣泛.支付房屋的租金、商品的分期付款、分期償還貸款、發放養老金、按平均年限法提取的折舊都屬於年金收付形式.

2. 年金的種類

年金按其每次收付款項發生的時點不同,可以分為普通年金、即付年金、遞延年金、永續年金等類型.

(1) 普通年金

普通年金是指從第一期起,在一定時期內每期期末等額收付的系列款項,又稱為後付年金.例如採用直線法計提的單項固定資產的折舊(折舊總額會隨著固定資產數量的變化而變化,不是年金,但就單項固定資產而言,其使用期內按直線法計提的折舊額是一定的)、一定期間的租金(租金不變期間)、每年員工的社會保險金(按月計算,每年7月1日到次年6月30日不變)、一定期間的貸款利息(銀行存貸款利率不變且存貸金額不變期間,如貸款金額在銀行貸款利率不變期間有變化可以視為多筆年金)等.

(2) 預付年金

預付年金是指從第一期起,在一定時期內每期期初等額收付的系列款項,又稱先付年金、即付本金或期初年金.

預付年金與普通年金的區別僅在於付款時間的不同,普通年金發生在期末,而預付年金發生在期初.

(3) 遞延年金

遞延年金是指第一次收付款發生時間與第一期無關,而是隔若干期(m)後才開始發生的系列等額收付款項,又稱為延期年金.它是普通年金的特殊形式.遞延年金終值等於普通年金終值.一般在金融理財和社保回饋方面會產生遞延年金.

(4) 永續年金

永續年金是指無限期等額收付的特種年金.它是普通年金的特殊形式,即期限趨於無窮的普通年金.最典型的就是諾貝爾獎獎金.

二、年金的計算

1. 普通年金

普通年金是指從第一期起,在一定時期內每期期末等額收付的系列款項,又稱為後付年金.

(1) 普通年金的終值

引例 如果你每月末存100元,年利率12%,按複利計算,到第4個月末你的帳戶裡有多少錢呢?

分析:年利率12%,則月利率為1%,按複利計算,每個月末存的100元,利用公式(1-4)可以知道到第4月末的本利和如圖1-1所示:

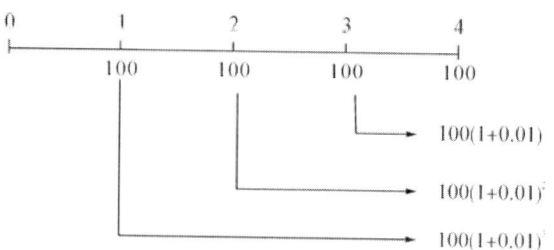

圖1-1 引例計算過程圖

由圖1-1可以知道到第4個月末的帳戶的資金總額為:

$$F = 100 + 100(1+0.01) + 100(1+0.01)^2 + 100(1+0.01)^3$$
$$= 100[1 + (1+0.01) + (1+0.01)^2 + (1+0.01)^3]$$
$$= 100 \times \frac{(1+0.01)^4 - 1}{0.01}$$
$$= 406.04 \text{ 元}$$

此例中討論的是月利率為1%,每月末存100元,到第4個月末帳戶中將有406.04元.將上述過程推廣到一般就得到普通年金終值的相關知識.

定義1.9 **普通年金終值**是指一定時期內每期期末等額收付款項的複利終值之和.也就是將每一期的金額,按複利換算到最後一期期末的終值,然後加總,就是該年金終值.記為F.

引例中,將4個月月末的100元年金本利和匯總,得到的406.04元,就是該普通

年金到第 4 個月月末的終值.

一般地,若普通年金為 A,每期的利率為 i,第 n 期末該普通年金的終值為 F,由公式(1-4)可以知道普通年金終值的計算過程如圖 1-2 所示:

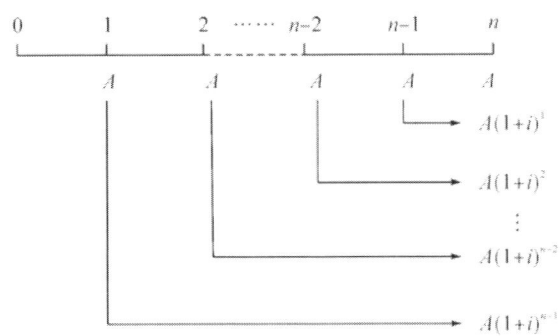

圖 1-2　普通年金終值計算過程圖

則 F 的計算公式為:
$$F = A + A(1+i) + A(1+i)^2 + \cdots + A(1+i)^{n-2} + A(1+i)^{n-1}$$
利用等比數列求前 n 項和公式化簡,得到
$$F = A \times \frac{(1+i)^n - 1}{i} \qquad (1-7)$$

例1　每年年底存入資金 5,000 元,年利率 8%,問 3 年後帳戶裡有多少資金.

解　已知 A = 5,000 元, i = 8%, n = 3.

所以 $F = 5,000 \times \dfrac{(1+8\%)^3 - 1}{8\%} = 16,230.00(元)$.

即 3 年後,帳戶裡面共有資金 16,230 元.

公式(1-7)中的因式 $\dfrac{(1+i)^n - 1}{i}$ 稱為普通年金終值系數,記為 (F/A, i, n).經濟解釋是當每期利率為 i 時,現在的 1 元錢到第 n 期期末的價值為 (F/A, i, n).為解決計算的繁復,我們按 i 和 n 的不同取值,構造普通年金終值系數表,使用時由 n 和 i 的取值從表中查出 (F/A, i, n) 的值,與年金 P 相乘,即得年金終值.
$$F = A \cdot (F/A, i, n) \qquad (1-8)$$

例2　每年年底存入資金 1,000 元,年利率 8%,求 5 年後帳戶裡有多少資金?

解　已知 A = 1,000 元, i = 8%, n = 5. 查表得 (F/A, 8%, 5) = 5.867

所以 $F = A \times (F/A, 8\%, 5) = 1,000 \times 5.867 = 5,867(元)$.

即 5 年後帳戶的資金為 5,867 元.

例3　張三為自己建立了一個養老基金帳戶,他決定每年年底存入 10,000 元,若銀行利率為 6%,並保持不變,問 15 年後他的養老基金帳戶中有多少錢?

解　已知 A = 10,000 元, i = 6%, n = 15, 查表得年金終值系數 (F/A, 6%, 15) = 23.276.

所以 $F = A \cdot (F/A, 6\%, 15) = 10,000 \times 23.276 = 232,760(元)$.

即 15 年後他的養老基金帳戶中有 232,760 元.

定義 1.10 **償債基金**是指為了在約定的未來一定時點清償某筆債務或積聚一定數額的資金而必須分次等額存入的準備金,也就是為使年金終值達到既定金額的年金數額.償債基金的計算是根據年金的終值來計算年金,即已知終值求年金.

根據普通年金終值計算公式(1-7)與(1-8)得:

$$F = A \times \frac{(1+i)^n - 1}{i} = A \times (F/A, i, n)$$

可知:

$$A = F \times \frac{i}{(1+i)^n - 1} = \frac{F}{(F/A, i, n)} \quad (1-9)$$

式(1-9)中的普通年金終值系數的倒數 $\frac{i}{(1+i)^n - 1}$,稱為償債基金系數,記作 $(A/F, i, n)$。由此可知償債基金系數和普通年金終值系數互為倒數.

例4 假設 A 公司擬在 3 年後還清 100 萬元的債務,從現在起每年年末等額存入銀行一筆款項.假設銀行存款利率為 10%,每年需要存入多少元?

解 已知 $F = 100$ 萬元,$i = 10\%$,$n = 3$,由公式(1-9)可知:

$$A = F \times \frac{i}{(1+i)^n - 1} = 100 \times \frac{0.1}{(1+0.1)^3 - 1} = 30.22(萬元)$$

或者

$$A = \frac{F}{(F/A, i, n)} = \frac{100}{(F/A, 10\%, 3)} = 30.22(萬元)$$

因此在銀行利率為 10% 時,每年存入 30.22 萬元,3 年後可得 100 萬元,用來還清債務.也就是說由於有利息因素,不必每年存入 33.33 萬元,只要存入較少的金額,3 年後本利和即可達到 100 萬元用以清償債務.

(2) 普通年金的現值

引例 張三計劃在今後的 4 年中,每年年底都能從銀行支取 500 元,已知年利率為 10%,問現在應該一次性存入多少錢?

分析:年利率 10%,按複利計算,每年年底從銀行支取 500 元,利用公式(1-5)可知現在應存入的錢數的計算過程如圖 1-3 所示:

由圖 1-3 可以知道張三現在應該一次性存入的資金為:

$$P = \frac{500}{1+0.1} + \frac{500}{(1+0.1)^2} + \frac{500}{(1+0.1)^3} + \frac{500}{(1+0.1)^4}$$
$$= 500 \times [(1+0.1)^{-1} + (1+0.1)^{-2} + (1+0.1)^{-3} + (1+0.1)^{-4}]$$
$$= 500 \times \frac{1 - (1+0.1)^{-4}}{0.1}$$
$$= 1,584.933(元)$$

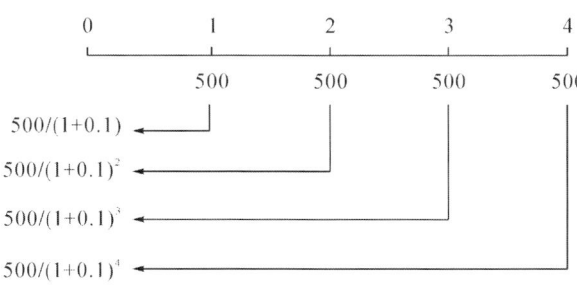

圖 1-3　引例計算過程圖

此例中討論的是在年利率為 10%,支付期期數為 4 次的情況下,普通年金 500 元所對應的現在的價值為 1,584.933 元.將上述過程推廣到一般就得到普通年金現值的相關知識.

定義 1.11　**普通年金現值**是指在一定時期內按相同時間間隔在每期期末收付的相等金額折算到第一期初的現值之和.記為 P.

一般地,若普通年金為 A,每期的利率為 i,由公式(1-5)可以知道普通年金現值的計算過程如圖 1-4 所示:

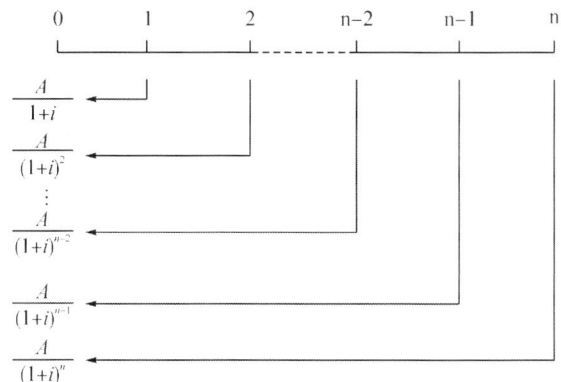

圖 1-4　普通年金現值計算過程圖

則 $P = \dfrac{A}{1+i} + \dfrac{A}{(1+i)^2} + \cdots\cdots + \dfrac{A}{(1+i)^{n-2}} + \dfrac{A}{(1+i)^{n-1}} + \dfrac{A}{(1+i)^n}$

$\qquad = A[(1+i)^{-1} + (1+i)^{-2} + \cdots\cdots + (1+r)^{-(n-2)} + (1+r)^{-(n-1)} + (1+r)^{-n}]$

利用等比數列求前 n 項和公式化簡得到

$$P = A \times \frac{1-(1+i)^{-n}}{i} \qquad\qquad (1-10)$$

公式(1-10)就是普通年金現值的計算公式.公式中的因式 $\dfrac{1-(1+i)^{-n}}{i}$ 稱為普通年金現值系數,記為 $(P/A, i, n)$.經濟含義是,當每期利率為 i,第 n 期末的 1 元錢現在的價值.按 n 和 i 的不同取值,算出 $(P/A, i, n)$ 的值,構造出普通年金現值系數表,

求普通年金現值時,由 n 和 i 的值從表中查出 $(P/A,i,n)$ 的值,與年金 A 相乘,即得年金現值.

$$P = A \cdot (P/A,i,n) \qquad (1-11)$$

例5 一位愛國華僑計劃在今後 10 年內,每半年捐資 20,000 元扶助貧困學生.若銀行的年利率為 2%,問該華僑現在應該一次性存入銀行多少錢?

解 已知 $A = 20,000, i = \dfrac{2\%}{2} = 1\%$,期數 $n = 20$,查普通年金現值系數表得 $(P/A, 1\%, 20) = 18.046$,

所以 $P = A \times (P/A, 1\%, 20) = 20,000 \times 18.046 = 360,920(元)$.

即該華僑現在應存入 360,920 元.

例6 老張貸款買房,已知貸款年利率為 12%,每月還款 1,290.66 元,貸款期限 9 年,試問老張的貸款金額是多少?

解 已知 $A = 1,290.66$ 元, $i = 1\%$,期數為 $n = 12 \times 9 = 108$,

則 $P = A \cdot \dfrac{1-(1+i)^{-n}}{i} = 1,290.66 \times \dfrac{1-(1+0.01)^{-108}}{0.01} = 85,000(元)$.

即老張一次性貸款 85,000 元.

定義1.12 **年資本回收額**是指在約定年限內等額收回初始投入資本或清償所欠的債務,即根據年金現值計算的年金,亦即已知現值求年金.

根據普通年金現值計算公式 $(1-10)$ 與 $(1-11)$:

$$P = A \times \dfrac{1-(1+i)^{-n}}{i} = A \cdot (P/A,i,n)$$

可知:

$$A = P \times \dfrac{i}{1-(1+i)^{-n}} = \dfrac{P}{(P/A,i,n)} \qquad (1-12)$$

公式 $(1-12)$ 中普通年金現值系數的倒數 $\dfrac{i}{1-(1+i)^{-n}}$,稱資本回收系數,記作 $(A/P,i,n)$,由此可知資本回收系數與年金現值系數互為倒數.

例7 假設 A 公司現在擬出資 100 萬元投資某項目,項目投資回報率預計為 10%,公司擬在 3 年內收回投資,請問每年至少要收回多少元?

解 已知 $P = 100$ 萬元, $i = 10\%, n = 3$,

則 $A = P \times \dfrac{i}{1-(1+i)^{-n}} = 100 \times \dfrac{0.1}{1-(1+0.1)^{-3}} = 40.22(萬元)$

也就是說投資回報率為 10% 時,每年至少要收回 40.22 萬元,才能確保 3 年後收回初始投資額 100 萬元.

2. 預付年金

預付年金是指從第一期起,在一定時期內每期期初等額收付的系列款項,又稱先付年金、即付本金或期初年金.

預付年金與普通年金的區別僅在於付款時間的不同,普通年金發生在期末,而預付年金發生在期初.

(1) 預付年金的終值

引例:如果你每月初存100元,年利率12%,按複利計算,到第4個月末你的帳戶裡有多少錢呢?

分析:年利率12%,則月利率為1%,按複利計算,每個月初存的100元,到第4月末的本利和如圖1-5所示:

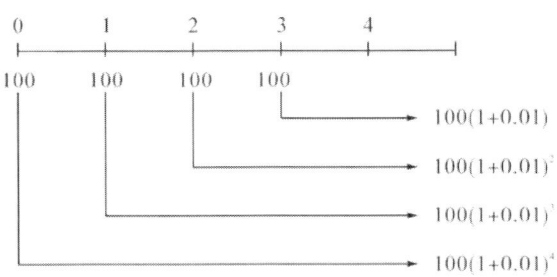

圖1-5 引例計算過程圖

到第4個月末的帳戶的資金總額為:

$$F = 100(1+0.01) + 100(1+0.01)^2 + 100(1+0.01)^3 + 100(1+0.01)^4$$

$$= 100[1 + (1+0.01) + (1+0.01)^2 + (1+0.01)^3](1+0.01)$$

$$= 100 \times \frac{(1+0.01)^4 - 1}{0.01} \times (1+0.01)$$

$$= 410.1(元)$$

定義1.13 **預付年金終值**是指在約定年限內等額收回初始投入資本或清償所欠的債務,即根據年金現值計算的年金,亦即已知現值求年金.

通過普通年金終值的引例以及預付年金終值的引例可以看出,在實務中,我們可以在理解普通年金終值計算的基礎上掌握預付年金終值的計算.具體方法如下:

利用同期普通年金的終值公式再乘以$1+i$計算,可以得到預付年金的終值計算公式:

$$F = A \cdot (F/A, i, n) \cdot (1+i) \quad (1-13)$$

例8 假如A公司有一基建項目,分五次投資,每年年初投資1,000萬元,預計第五年末建成.該公司的投資款均向銀行借款取得,利率為8%.該項目的投資總額是多少?

解 已知$A = 1,000$萬元,$i = 8\%$,$n = 5$,查表得$(F/A, 8\%, 5) = 5.867$得:

$F = A \cdot (F/A, i, n) \cdot (1+i)$

$= 1,000 \times (F/A, 8\%, 5) \times (1+8\%)$

$= 1,000 \times 5.866 \times (1+8\%)$

$= 6,336.36(萬元)$

即該項目的投資總額是 6,336.36 萬元.

例 9 某人計劃在連續 10 年的時間裡,每年年初存入銀行 1,000 元,現時銀行存款利率為 8%,問第 10 年年末他能一次取出本利和多少元?

解 已知 $A = 1,000$ 元, $i = 8\%$, $n = 10$, 查表得 $(F/A, 8\%, 10) = 14.487$, 得:

$$F = A \cdot (F/A, i, n) \cdot (1 + i)$$
$$= 1,000 \times (F/A, 8\%, 10) \times (1 + 8\%)$$
$$= 1,000 \times 14.487 \times (1 + 8\%)$$
$$= 15,646(元)$$

即第 10 年末他能一次取出本利和是 15,646 元.

(2) 預付年金的現值

引例:張三計劃在今後的 4 年中,每年年初都能從銀行支取 500 元,已知年利率為 10%,問現在應該一次性存入多少錢?

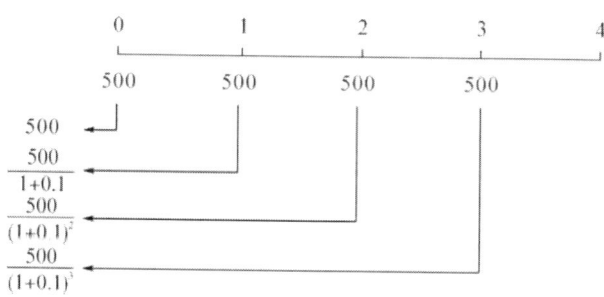

圖 1-6　引例計算過程圖 4

由普通年金的現值計算公式(1-10)可知,張三現在應該一次性存入的資金為:

$$P = 500 + \frac{500}{1 + 0.1} + \frac{500}{(1 + 0.1)^2} + \frac{500}{(1 + 0.1)^3}$$
$$= 500 \times [1 + (1 + 0.1)^{-1} + (1 + 0.1)^{-2} + (1 + 0.1)^{-3}]$$
$$= 500 \times \frac{1 - (1 + 0.1)^{-3}}{0.1}$$
$$= 1,743.426(元)$$

此例中討論的是在年利率為 10%,支付期期數為 4 次的情況下,預付年金 500 元所對應的現在的價值為 1,743.426 元. 將上述過程推廣到一般就得到預付年金現值的相關知識.

定義 1.14 **預付年金現值**是指一定時期內每期期初收付款項的複利現值之和,記為 P.

通過普通年金現值的引例以及預付年金現值的引例可以看出,在實務中,我們可以在理解普通年金現值計算的基礎上掌握預付年金現值的計算.具體方法如下:

利用同期普通年金的現值公式再乘以 $1 + i$ 計算,可以得到預付年金的現值計算公式為:

$$P = A \cdot (P/A, i, n) \cdot (1+i) \qquad (1-14)$$

例10 A 公司擬購買新設備,供應商有兩套付款方案.方案一是採用分付款方式,每年年初付款 2 萬元,分 10 年付清.方案二是一次性付款 15 萬元.若公司的資金回報率為 6%,你將選擇何種付款方式(假設有充裕的資金).

解 實際上,將方案一求出的預付年金現值 P 與方案二的 15 萬元進行比較即可得出結果.

已知 $A = 20,000, i = 6\%, n = 10$,查表得 $(P/A, 6\%, 10) = 7.360,1$,因此

$P = A \cdot (P/A, i, n) \cdot (1+i)$

$= 20,000 \times 7.360, 1 \times (1 + 6\%)$

$= 156,034(元)$

所以,應選擇一次性付款.

3. 遞延年金

遞延年金是指第一次收付款發生時間與第一期無關,而是隔若干期(m)後才開始發生的系列等額收付款項,又稱為延期年金.遞延年金的支付形式如圖 1-7 所示.

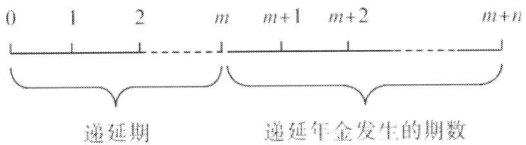

圖 1-7 遞延年金支付方式

其中第 1 期到第 m 期沒有發生年金收付形式.我們一般用 m 表示遞延期數,用 n 表示遞延年金發生的期數,則總期數為 $m + n$.

(1) 遞延年金的終值

由於遞延期 m 與終值無關,只需考慮遞延年金發生的期數 n.遞延年金終值等於普通年金終值.

因此遞延年金終值計算公式如下:

$$F = A \cdot (F/A, i, n) \qquad (1-15)$$

例11 假設 A 公司擬一次性投資開發某農莊,預計該農莊能存續 15 年,但是前 5 年不會產生淨收益,從第 6 年開始,每年的年末產生淨收益 5 萬元.在考慮資金時間價值的因素下,若農莊的投資報酬率為 10%,該農莊給企業帶來的累計收益為多少?

解 計算該農莊給企業帶來的累計收益,實際上就是求遞延年金終值.

已知 $A = 5$ 萬元, $i = 10\%, m = 5, n = 10$,查表得普通年金終值系數 $(F/A, 10\%, 10) = 15.937$,則:

$F = A \cdot (F/A, i, n) = 50,000 \times 15.937 = 796,850(元)$

所以該農莊給企業帶來的累計收益為 796,850 元.

(2) 遞延年金的現值

定義 1.15 **遞延年金現值**是指自若干時期後開始每期款項的現值之和,即後 n 期年金貼現至 m 期第一期期初的現值之和.

遞延年金的現值與遞延期數相關遞延的期數越長,其現值越低.遞延年金的現值計算有三種方法.

方法 1:

把遞延期以後的年金套用普通年金公式求現值,然後再向前折現.

即

$$P = A \cdot (P/A, i, n) \cdot (P/F, i, m) \qquad (1-16)$$

方法 2:

把遞延期每期期末都當作等額的年金收付 A,把遞延期和以後各期看成一個普通年金,計算出這個普通年金的現值,再把遞延期虛增的年金現值減掉即可.

即

$$P = A[(P/A, i, m+n) - (P/A, i, m)] \qquad (1-17)$$

方法 3:先求遞延年金終值,再折現為現值。

即

$$P = A \cdot (F/A, i, n) \cdot (P/F, i, m+n) \qquad (1-18)$$

例 12 假設 A 公司擬一次性投資開發某農莊,預計該農莊能存續 15 年,但是前 5 年不會產生淨收益,從第 6 年開始,每年的年末產生淨收益 5 萬元.在考慮資金時間價值的因素下,若農莊的投資報酬率為 10%,假設 A 公司決定投資開發該農莊,根據其收益情況,求該農莊的累計投資限額為多少?

解 該農莊的累計投資限額,實際上就是求遞延年金的現值. 只有當未來的收益大於當前的投資額,企業才有投資的意願.由於不同點上的資金不能直接比較,因此必須考慮資金時間價值,將未來的收益與當前的投資額進行對比.

已知 $A = 5$ 萬元, $i = 10\%$, $m = 5$, $n = 10$, 查表得 $(P/A, 10\%, 10) = 6.144,6$, $(P/F, 10\%, 5) = 0.620,9$ 則:

$P = 50,000 \times (P/A, 10\%, 10) \times (P/F, 10\%, 5)$

$\quad = 50,000 \times 6.144,6 \times 0.620,9$

$\quad = 190,759.11(元)$

計算結果表明,該農莊的累計投資限額為 190,759.11 元.

3. 永續年金

永續年金是指無限期等額收付的年金. 永續年金的支付形式如圖 1-8 所示.

圖 1-8 永續年金支付形式

永續年金因為沒有終止期,所以只有現值沒有終值.永續年金的現值,可以通過

普通年金的現值計算公式(1－10)導出.

由普通年金的現值公式

$$P = A \times \frac{1-(1+i)^{-n}}{i}$$

令 n 趨於無窮大,即可得出永續年金現值：

$$P = \frac{A}{i} \qquad (1-19)$$

例 13 A 公司想給 B 學校創立一個永久性的愛心基金,希望每年能從該基金中拿出 10 萬元作為經濟困難學生的生活補助.考慮到基金資金的安全性,基金管理人計劃將基金用於購買近乎無風險的國債,用其產生的利息收入作為學生的補助.假設一年期的國債的平均利率為 3%.那麼,該企業要向學校捐贈多少款項才能創建該愛心基金呢？

解 該企業應向學校捐贈的款項為：

$P = 10 \div 3\% = 333.33$(萬元)

也就是說,該企業要向學校捐贈 333.33 萬元,才能讓該愛心基金存續下去,並能每年支付 10 萬元用於學生補助支出.

例 14 某學校擬建立一項永久性的獎學金,每年計劃頒 10,000 元獎金,若銀行利率為 10%,學校現在應存入銀行多少元？

解 $P = 10,000 \times 1/10\% = 100,000$(元)

即學校現在應存入銀行 100,000 元.

習題一

1. 投資 1,500 元,按每年 8% 的單利,5 年後的本利和為多少元？
2. 如果一項每年獲得 8% 單利的投資在 2 年後增長 1,740 元,問這項投資的初始本金為多少元？
3. 某人投資 5,000 元,4 年後獲得利息 1,000 元,試求這項投資的年利率？
4. 按每年 10% 的複利利率投資 5,000 元,4 年後的終值是多少元？
5. 一項投資按複利計息,在 5 年內由 1,000 元增長到 1,462.54 元,問該投資的年利率是多少？
6. 如果在 4 年中,一項 2,000 元的投資增長到 2,844.20 元,那麼該項投資半年的複利利率為多少？
7. 投資 5,000 元,年利率為 6%,按月複利計息,在 2 年後,這筆資金的終值是多少？
8. 某人每年年底存入 1,000 元,年利率是 7%,到第 5 年年底,他的帳戶裡有多少錢？

9. 某人計劃在 5 年後用 100,000 元購買一輛汽車,為此他從現在起每月底存入銀行一筆錢,已知銀行的年利率為 3.6%,問他每月底必須存入多少錢?

10. 某人想在今後的 5 年裡,每月底從銀行取 1,000 元,銀行年利率 3.6%,那麼他現在必須一次性存入銀行多少錢?

11. 某公司準備購買一套生產線,經過與生產廠家磋商,有三個付款方案可供選擇:

第一套方案:從現在起每半年末付款 100 萬元,連續支付 10 年,共計 2,000 萬元.

第二套方案:從第三年起,每年年初付款 260 萬元,連續支付 9 年,共付 2,340 萬元.

第三套方案:從現在起每年年初付款 200 萬元,連續支付 10 年,共計 2,000 萬元.

如果現在市場上的利率為 10%,財務總監向你諮詢應該採用哪套方案,請你回答.

12. 某人從 2013 年 12 月 1 日起,每年的 12 月 1 日存入銀行 2,000 元,連續存 10 年,其中第三年年末多存入 5,000 元,第 7 年年初多存入 8,000 元.設銀行的 1 年期存款利率為 3%,每年按複利計息一次,問此人存入銀行的存款現值總和為多少?

13. 假設你想自退休後(開始於 30 年後)每月取得 3,000 元收入,可將此收入看作一個第一次收款開始於 31 年後的永續年金,年報酬率為 4%.為達到此目標,在今後的 30 年中,你每年應存入多少錢?

14. 李先生購置一處房產,打算採用兩種付款方案:

(1) 從現在起,每年年初支付 20 萬元,連續支付 10 次,共 200 萬元;

(2) 從第五年起,每年年初支付 22 萬元,連續支付 10 次,共 220 萬元.

假設資金成本率為 10%,問李先生應當選擇哪個方案?

15. 某旅遊酒店欲購買一套音響設備,供貨商提供了四種付款方式

方式一:從現在起,每年年末支付 1,000 元,連續支付 8 年.

方式二:從現在起,每年年初支付 900 元,連續支付 8 年.

方式三:從第三年起,每年年末支付 2,000 元,連續支付 5 年.

方式四:現在一次性付款 5,500 元.

假設資金成本率為 10%,請你幫酒店提出可行性建議.

第二章　矩陣

引言:某航空公司 A,B,C,D 的航線圖,如圖 2－1 所示.

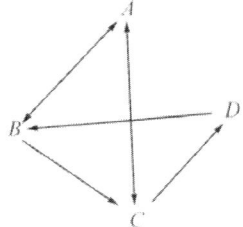

圖 2－1　A,B,C,D 城市之間航線圖

是否可以運用數表將上述的航線圖表示出來？用以反應四城市間交通連接情況.

在數學中,矩陣是一個按照長方陣列排列的復數或實數集合.最早來自方程組的係數及常數所構成的方陣.這一概念由 19 世紀英國數學家凱利首先提出.本章我們介紹矩陣的概念以及運算,在此基礎上介紹矩陣的一些簡單應用.

第一節　矩陣的有關概念

一、矩陣的概念

矩陣是數(或函數)的矩形陣表.在工程技術、生產活動和日常生活中,我們常常用數表表示一些量或關係,如工廠中的產量統計表、市場上的價目表等.在給出矩陣定義之前先看幾個例子.

例 1　在物資調運中,某類物資有三個產地、四個銷地,它的調運情況如表 2－1 所示:

表 2－1

調運量　銷地　產地	Ⅰ	Ⅱ	Ⅲ	Ⅳ
A	0	3	4	7

表2-1(續)

調運量＼銷地 產地	I	II	III	IV
B	8	2	3	0
C	5	4	0	6

如果我用一個三行四列的數表表示該調運方案,可以簡記為:

$$\begin{pmatrix} 0 & 3 & 4 & 7 \\ 8 & 2 & 3 & 0 \\ 5 & 4 & 0 & 6 \end{pmatrix}$$

其中每一行表示各產地調往四個銷地的調運量,每一列表示三個產地調到該銷地的調運量.

例2 對於線性方程組

$$\begin{cases} a_{11}x_1 + a_{12}x_2 + \cdots + a_{1n}x_n = b_1 \\ a_{21}x_1 + a_{22}x_2 + \cdots + a_{2n}x_n = b_2 \\ \vdots \\ a_{m1}x_1 + a_{m2}x_2 + \cdots + a_{mn}x_n = b_m \end{cases}$$

如果把它的系數 $a_{ij}(i=1,2,\cdots,m, j=1,2,\cdots,n)$ 和常數項 $b_i(i=1,2,\cdots,m)$ 按照原來的順序寫出,就可以得到 m 行 n 列的數表和一個 n 行一列的數表,

$$A = \begin{pmatrix} a_{11} & a_{12} & \cdots & a_{1n} \\ a_{11} & a_{12} & \cdots & a_{1n} \\ \vdots & \vdots & \ddots & \vdots \\ a_{m1} & a_{m2} & \cdots & a_{mn} \end{pmatrix}, b = \begin{pmatrix} b_1 \\ b_2 \\ \vdots \\ b_m \end{pmatrix}$$

由上面三個例子可以看到,對於不同的問題可以用不同的數表來表示,我們將這些數表統稱為矩陣.

定義2.1 由 $m \times n$ 個數 $a_{ij}(i=1,2,\cdots,m, j=1,2,\cdots,n)$ 排成的一個 m 行 n 列數表,

$$\begin{pmatrix} a_{11} & a_{12} & \cdots & a_{1n} \\ a_{21} & a_{22} & \cdots & a_{2n} \\ \vdots & \vdots & \ddots & \vdots \\ a_{m1} & a_{m2} & \cdots & a_{mn} \end{pmatrix}$$

稱為一個 m **行** n **列矩陣**.

矩陣的含義是,這 $m \times n$ 個數排成一個矩形陣列,其中 a_{ij} 稱為矩陣的第 i 行第 j 列**元素** $(i=1,2,\cdots,m, j=1,2,\cdots,n)$,而 i 稱為**行標**, j 稱為**列標**,第 i 行與第 j 列的交叉位置記為 (i,j).

通常用大寫字母 A,B,C 等表示矩陣. 有時為了表明矩陣的行數 m 和列數 n,也可

記為

$$A = (a_{ij})_{m \times n} \text{ 或} (a_{ij})_{m \times n} \text{ 或} A_{m \times n}$$

元素是實數的矩陣稱為**實矩陣**，而元素是復數的矩陣稱為**復矩陣**，本書中的矩陣除非有特殊說明外都指實矩陣．

特別地，當 $m = n$ 時，稱 $A = (a_{ij})_{m \times n}$ 為 **n 階矩陣**或稱為 **n 階方陣**．

一個 n 階方陣 A 中，從左上角到右下角的這條對角線稱為 A 的**主對角線**，從右上角到左下角的這條對角線稱為 A 的**次對角線**．

元素全為零的矩陣稱為**零矩陣**，用 $O_{m \times n}$ 或 O 表示．

註：矩陣與行列式是有本質區別的．行列式是一個算式，一個數字行列式通過計算可求得其值，而矩陣僅僅是一個數表，它的行數和列數可以不同．對於 n 階方陣，雖然有時也要計算它的行列式（記作 $|A|$）但是方陣 A 和方陣的行列式 $|A|$ 是不同的概念．

二、特殊矩陣

本節最後，我們再給出幾種常用的特殊方陣．

(1) 只有一行的矩陣 $A = (a_1, a_2, \cdots, a_n)$ 稱為**行矩陣**或**行向量**．

(2) 只有一列的矩陣 $B = \begin{pmatrix} b_1 \\ b_2 \\ \vdots \\ b_n \end{pmatrix}$ 稱為**列矩陣**或**列向量**．

(3) n 階對角陣

形如

$$A = \begin{pmatrix} a_{11} & 0 & \cdots & 0 \\ 0 & a_{22} & \cdots & 0 \\ \vdots & \vdots & \ddots & \vdots \\ 0 & 0 & \cdots & a_{nn} \end{pmatrix}$$

或簡寫為

$$A = \begin{pmatrix} a_{11} & & & \\ & a_{22} & & \\ & & \ddots & \\ & & & a_{nn} \end{pmatrix}$$

的矩陣，稱為**對角矩陣**，對角矩陣必須是方陣．對角矩陣可也記為：

$$A = diag(a_{11}, a_{22}, \cdots a_{nn})$$

(4) 數量矩陣

當對角矩陣的主對角線上的元素都相同時，稱它為**數量矩陣**．n 階數量矩陣如下：

$$\begin{pmatrix} a & 0 & \cdots & 0 \\ 0 & a & \cdots & 0 \\ \vdots & \vdots & \ddots & \vdots \\ 0 & 0 & \cdots & a \end{pmatrix}_{nn} \quad \text{或} \quad \begin{pmatrix} a & & & \\ & a & & \\ & & \ddots & \\ & & & a \end{pmatrix}_n$$

特別的,當 $a = 1$ 時,稱它為 n 階**單位矩陣**,記為 E_n 或 I_n,即

$$E_n = \begin{pmatrix} 1 & 0 & \cdots & 0 \\ 0 & 1 & \cdots & 0 \\ \vdots & \vdots & \ddots & \vdots \\ 0 & 0 & \cdots & 1 \end{pmatrix} \quad \text{或} \quad E_n = \begin{pmatrix} 1 & & & \\ & 1 & & \\ & & \ddots & \\ & & & 1 \end{pmatrix}$$

在不致引起混淆時,也可用 E 或 I 表示單位矩陣.

(5) n 階上三角陣與 n 階下三角陣

形如 $\begin{pmatrix} a_{11} & a_{12} & \cdots & a_{1n} \\ 0 & a_{22} & \cdots & a_{2n} \\ \vdots & \vdots & \ddots & \vdots \\ 0 & 0 & \cdots & a_{nn} \end{pmatrix}$, $\begin{pmatrix} a_{11} & 0 & \cdots & 0 \\ a_{21} & a_{22} & \cdots & 0 \\ \vdots & \vdots & \ddots & \vdots \\ a_{n1} & a_{n2} & \cdots & a_{nn} \end{pmatrix}$

的矩陣分別稱為**上三角矩陣**和**下三角矩陣**.

對角矩陣必須是方陣,一個方陣是對角矩陣當且僅當它既是上三角矩陣又是下三角矩陣.

第二節　矩陣的運算

一、矩陣的加法

定義2.2　如果兩個矩陣 $A = (a_{ij})_{m \times n}$ 和 $B = (b_{ij})_{m \times n}$ 的行數相同、列數相同,且對應位置元素都相等,則稱矩陣 A 與矩陣 B **相等**,記作 $A = B$.

即若 $A = (a_{ij})_{m \times n}$, $B = (b_{ij})_{m \times n}$,且 $a_{ij} = b_{ij}(i = 1, 2, \cdots, m, j = 1, 2, \cdots, n)$,則 $A = B$.

定義2.3　設矩陣

$$A = \begin{pmatrix} a_{11} & a_{12} & \cdots & a_{1n} \\ a_{21} & a_{22} & \cdots & a_{2n} \\ \vdots & \vdots & & \vdots \\ a_{m1} & a_{m2} & \cdots & a_{mn} \end{pmatrix}, \quad B = \begin{pmatrix} b_{11} & b_{12} & \cdots & b_{1n} \\ b_{21} & b_{22} & \cdots & b_{2n} \\ \vdots & \vdots & & \vdots \\ b_{m1} & b_{m2} & \cdots & b_{mn} \end{pmatrix}$$

則稱矩陣

$$\begin{pmatrix} a_{11}+b_{11} & a_{12}+b_{12} & \cdots & a_{1n}+b_{1n} \\ a_{21}+b_{21} & a_{22}+b_{22} & \cdots & a_{2n}+b_{2n} \\ \vdots & \vdots & & \vdots \\ a_{m1}+b_{m1} & a_{m2}+b_{m2} & \cdots & a_{mn}+b_{mn} \end{pmatrix}$$

為 A 與 B 的**和**. 記作 $A+B$.

顯然 $A_{mn}+O=A_{mn}$

把矩陣 $A=(a_{ij})$ 的所有元素都換成其相反數, 得到的新矩陣 $(-a_{ij})_{mn}$ 稱為 A 的**負矩陣**. 記作 $-A$.

A 與 B 之差用 $A-B$ 表示, 規定

$$A-B=A+(-B)=(a_{ij})_{m\times n}+(-b_{ij})_{m\times n}=(a_{ij}-b_{ij})_{m\times n}$$

例1 設矩陣

$$A=\begin{pmatrix} x & -1 \\ 0 & 1 \end{pmatrix},\quad B=\begin{pmatrix} -1 & y \\ 2 & 0 \end{pmatrix},\quad C=\begin{pmatrix} 1 & -1 \\ 2 & 1 \end{pmatrix}.$$

且 $A+B=C$, 求 x,y.

解 由於 $A+B=C$, 即

$$\begin{pmatrix} x-1 & -1+y \\ 2 & 1 \end{pmatrix}=\begin{pmatrix} 1 & -1 \\ 2 & 1 \end{pmatrix}$$

所以 $x=2, y=0$.

設 A, B, C, O 都是 $m\times n$ 矩陣, 不難驗證矩陣的加法滿足以下運算規則:

(1) 加法交換律　$A+B=B+A$

(2) 加法結合律　$A+(B+C)=(A+B)+C$

(3) 零矩陣滿足　$A_{mn}+O=A_{mn}$

(4) 存在負矩陣 $-A$, 滿足 $A+(-A)=O$

二、數與矩陣的乘法

定義2.4 數 k 乘矩陣 $A=(a_{ij})_{mn}$ 中每一個元素, 所得矩陣

$$\begin{pmatrix} ka_{11} & ka_{12} & \cdots & ka_{1n} \\ ka_{21} & ka_{22} & \cdots & ka_{2n} \\ \vdots & \vdots & & \vdots \\ ka_{m1} & ka_{m2} & \cdots & ka_{mn} \end{pmatrix}$$

稱為數 k 與矩陣 A 的**乘積**, 記作 kA.

例2 設甲、乙兩省與3個城市間的距離(單位:km)由矩陣 A 給出:

$$A=\begin{pmatrix} 120 & 175 & 80 \\ 80 & 120 & 40 \end{pmatrix}$$

已知某種貨物的運費為 2 元$/(t.km)$, 那麼 3 個城市間每噸貨物的運費(元$/t$)可如下計算並表示為:

$$\begin{pmatrix} 2\times 120 & 2\times 175 & 2\times 80 \\ 2\times 80 & 2\times 130 & 2\times 40 \end{pmatrix} = \begin{pmatrix} 240 & 350 & 160 \\ 160 & 260 & 80 \end{pmatrix}$$

用定義可以證明數與矩陣的乘法(簡稱**數量乘法**)有以下規律:

(1) 數與矩陣滿足 $1 \cdot A = A$

(2) 矩陣對數的分配律 $(k+l)A = kA + lA$

$$k(A+B) = kA + kB$$

(3) 數與矩陣的結合律 $k(lA) = (kl)A$

$$k(AB) = (kA)B = A(kB)$$

通常我們把矩陣的加法和數乘這兩種運算統稱為矩陣的線性運算.

例3 設矩陣

$$A = \begin{pmatrix} 1 & 0 & 1 & 2 \\ 2 & 3 & -1 & 2 \\ -3 & 6 & 3 & 9 \end{pmatrix}, \quad B = \begin{pmatrix} -2 & 1 & 0 & 1 \\ 1 & 1 & 1 & 1 \\ 3 & 0 & 2 & 1 \end{pmatrix}$$

求 $3A - 2B$.

解 由於

$$3A = \begin{pmatrix} 3 & 0 & 3 & 6 \\ 6 & 9 & -3 & 6 \\ -1 & 2 & 1 & 3 \end{pmatrix}, \quad 2B = \begin{pmatrix} -4 & 2 & 0 & 2 \\ 2 & 2 & 2 & 2 \\ 6 & 0 & 4 & 2 \end{pmatrix}$$

故

$$3A - 2B = \begin{pmatrix} 7 & -2 & 3 & 4 \\ 4 & 7 & -5 & 4 \\ -9 & 6 & -1 & 7 \end{pmatrix}$$

三、矩陣的乘法

某地區甲乙丙三家商場同時銷售兩種品牌的家用電器,如果用矩陣 A 表示各商家銷售這兩種家用電器的日平均銷售量(單位:臺),用 B 表示兩種家用電器的單位售價(單位:千元)和利潤(單位:千元),其中

$$A = \begin{pmatrix} 20 & 10 \\ 25 & 11 \\ 18 & 9 \end{pmatrix}, \quad B = \begin{pmatrix} 3.5 & 0.8 \\ 5 & 1.2 \end{pmatrix}$$

用矩陣 $C = (c_{ij})_{3\times 2}$ 表示這三家商場銷售兩種家用電器的每日總收入和總利潤,那麼 C 中的元素分別為

總收入:$\begin{cases} c_{11} = 20\times 3.5 + 10\times 5 = 120 \\ c_{21} = 25\times 3.5 + 11\times 5 = 142.5 \\ c_{31} = 18\times 3.5 + 9\times 5 = 108 \end{cases}$

總利潤:$\begin{cases} c_{12} = 20\times 0.8 + 10\times 1.2 = 28 \\ c_{22} = 25\times 0.8 + 11\times 1.2 = 33.2 \\ c_{32} = 18\times 0.8 + 9\times 1.2 = 25.2 \end{cases}$

即

$$C = \begin{pmatrix} c_{11} & c_{12} \\ c_{21} & c_{22} \\ c_{31} & c_{33} \end{pmatrix} = \begin{pmatrix} 20 \times 3.5 + 10 \times 5 & 20 \times 0.8 + 10 \times 1.2 \\ 25 \times 3.5 + 11 \times 5 & 25 \times 0.8 + 11 \times 1.2 \\ 18 \times 3.5 + 9 \times 5 & 18 \times 0.8 + 9 \times 1.2 \end{pmatrix}$$

$$= \begin{pmatrix} 120 & 28 \\ 142.5 & 33.2 \\ 108 & 25.2 \end{pmatrix}$$

其中,矩陣 C 的第 i 行和第 j 列的元素是矩陣 A 第 i 行元素與矩陣 B 的第 j 列對應元素的乘積之和.

下面給出矩陣乘法定義:

定義 2.5　設 $A = (a_{ij})$ 是 $m \times l$ 矩陣, $B = (b_{ij})$ 是 $l \times n$ 矩陣. A 乘 B 的**積**記作 AB, 規定

$$AB = C = (c_{ij})$$

是 $m \times n$ 矩陣, 其中

$$c_{ij} = a_{i1}b_{1j} + a_{i2}b_{2j} + \cdots + a_{il}b_{lj} = \sum_{k=1}^{l} a_{ik}b_{kj}$$

$$(i = 1, 2, \cdots, m; j = 1, 2, \cdots, n)$$

A 的第 i 行為 $(a_{i1}, a_{i2}, \cdots, a_{il})$, B 的第 j 列為 $\begin{pmatrix} b_{1j} \\ b_{2j} \\ \vdots \\ b_{lj} \end{pmatrix}$, 按矩陣乘法的定義, 有

$$(a_{i1}, a_{i2}, \cdots, a_{il}) \begin{pmatrix} b_{1j} \\ b_{2j} \\ \vdots \\ b_{lj} \end{pmatrix} = a_{i1}b_{1j} + a_{i2}b_{2j} + \cdots + a_{il}b_{lj} = c_{ij}$$

所以, 乘積 AB 的 (i, j) 元等於 A 的第 i 行乘以 B 的第 j 列.

由定義可知, 只有當前一個矩陣 A 的列數等於後一個矩陣 B 的行數時, 兩個矩陣才能相乘, 此時也稱矩陣 A 與 B 具有可乘性, 乘積矩陣 C 的行數與 A 的行數一致, 列數與 B 的列數相等.

例 4　求矩陣乘積 AB, 設矩陣

$$A = \begin{pmatrix} 1 & 0 & 3 \\ 2 & 0 & 1 \end{pmatrix}, \quad B = \begin{pmatrix} 4 & 1 & 3 \\ -1 & 1 & 1 \\ 2 & 0 & 1 \end{pmatrix}$$

解 $AB = \begin{pmatrix} 1 & 0 & 3 \\ 2 & 0 & 1 \end{pmatrix} \begin{pmatrix} 4 & 1 & 3 \\ -1 & 1 & 1 \\ 2 & 0 & 1 \end{pmatrix}$

$= \begin{pmatrix} 1\times4+0\times(-1)+3\times2 & 1\times1+0\times1+3\times0 & 1\times3+0\times1+3\times1 \\ 2\times4+0\times(-1)+1\times2 & 2\times1+0\times1+1\times0 & 2\times3+0\times1+1\times1 \end{pmatrix}$

$= \begin{pmatrix} 10 & 1 & 6 \\ 10 & 2 & 7 \end{pmatrix}.$

註：由於矩陣 B 有 3 列，矩陣 A 有 2 行，B 的列數 $\neq A$ 的行數，所以 BA 無意義。

例5 設 $A = \begin{pmatrix} 2 & 4 \\ 1 & 2 \end{pmatrix}$，$B = \begin{pmatrix} 2 & -2 \\ -1 & 1 \end{pmatrix}$，求 AB 與 BA。

解 $AB = \begin{pmatrix} 2 & 4 \\ 1 & 2 \end{pmatrix} \begin{pmatrix} 2 & -2 \\ -1 & 1 \end{pmatrix} = \begin{pmatrix} 0 & 0 \\ 0 & 0 \end{pmatrix}$

$BA = \begin{pmatrix} 2 & -2 \\ -1 & 1 \end{pmatrix} \begin{pmatrix} 2 & 4 \\ 1 & 2 \end{pmatrix} = \begin{pmatrix} 2 & 4 \\ -1 & -2 \end{pmatrix}$

註：矩陣乘法的定義和例 5 表明，矩陣乘法與數的乘法有著不同的運算規律，不同處主要表現在下列四點：

(1) 兩個矩陣不總可乘。按定義，只有當左邊矩陣 A 的列數等於右邊矩陣 B 的行數時，乘積 AB 才有意義。當矩陣乘積 AB 有意義時，乘積 BA 不一定有意義。

(2) 矩陣乘法不滿足交換率，即使乘積 AB 與乘積 BA 均有意義，也可能有

$$AB \neq BA$$

因此，矩陣乘法必須講究次序。當乘積 AB 與乘積 BA 均有意義時，AB 是 A 左乘 B（或 B 右乘 A）的乘積，BA 是 A 右乘 B（或 B 左乘 A）的乘積，兩者不可混淆。

如果兩個同階方陣 A 與 B 滿足 $AB = BA$，則稱 A 與 B **乘法可交換**。

n 階數量矩陣與所有 n 階矩陣可交換。反之，能夠與所有 n 階矩陣可交換的矩陣是 n 階數量矩陣。

單位矩陣在矩陣乘法中將起著類似於數 1 在數的乘法中的作用。容易驗證，在可以相乘的前提下，對任意矩陣 A 總有

$$EA = AE = A$$

(3) 由 $AB = O$ 不能得到 $A = O$ 或是 $B = O$；由 $A \neq O$ 且 $AB = O$ 不能得 $B = O$（由 $B \neq O$ 且 $AB = O$ 不能得 $A = O$）

(4) 消去律不成立。即由 $AX = AY$ 且 $A \neq O$ 不能得到 $X = Y$，因為從 $A(X - Y) = O$ 與 $A \neq O$ 不能得到 $X - Y = O$。

矩陣的乘法具有下列運算規律（假設運算均有意義）：

(1) 數乘結合律　$k(BC) = (kB)C = B(kC)$（k 是數）。

(2) 左乘分配律　$A(B + C) = AB + AC$，

　　右乘分配律　$(A + B)C = AC + BC$。

（3）乘法結合律 $(AB)C = A(BC)$.

運算規則請讀者自己完成.

對於 m 個矩陣的乘法運算可得類似結論. 特別地, 當 A 是 n 階方陣時, 我們規定：

$$A^m = \underbrace{AA\cdots A}_{m個}$$

稱 A^m 為矩陣 A 的 m 次冪, 其中 m 是正整數.

當 $m = 0$ 時, 規定 $A^0 = E$. 顯然有

$$A^k A^l = A^{k+1}, (A^k)^l = A^{kl}$$

其中 k, l 是任意正整數. 由於矩陣乘法不滿足交換律, 因此, 一般地

$$(AB)^k \neq A^k B^k$$

例 6 計算 A^{11}, 設 $A = \begin{pmatrix} 1 \\ 2 \\ 3 \end{pmatrix} \cdot (1 \quad 2^{-1} \quad 3^{-1})$.

解

$$A^{11} = \begin{pmatrix} 1 \\ 2 \\ 3 \end{pmatrix} \left\{ (1 \quad 2^{-1} \quad 3^{-1}) \begin{pmatrix} 1 \\ 2 \\ 3 \end{pmatrix} \right\} \cdots \left\{ (1 \quad 2^{-1} \quad 3^{-1}) \begin{pmatrix} 1 \\ 2 \\ 3 \end{pmatrix} \right\} (1 \quad 2^{-1} \quad 3^{-1})$$

$$= \begin{pmatrix} 1 \\ 2 \\ 3 \end{pmatrix} (1 \times 1 + 2^{-1} \times 2 + 3^{-1} \times 3)^{10} (1 \quad 2^{-1} \quad 3^{-1}) = 3^{10} \begin{pmatrix} 1 & \frac{1}{2} & \frac{1}{3} \\ 2 & 1 & \frac{2}{3} \\ 3 & \frac{3}{2} & 1 \end{pmatrix}$$

四、矩陣轉置

定義 2.6 設矩陣 $A = (a_{ij})_{m \times n}$ 的**轉置矩陣**記作 A^T, 規定

$$A^T = \begin{pmatrix} a_{11} & a_{12} & \cdots & a_{1n} \\ a_{21} & a_{22} & \cdots & a_{2n} \\ \vdots & \vdots & & \vdots \\ a_{m1} & a_{m2} & \cdots & a_{mn} \end{pmatrix}^T = \begin{pmatrix} a_{11} & a_{21} & \cdots & a_{n1} \\ a_{12} & a_{22} & \cdots & a_{n2} \\ \vdots & \vdots & & \vdots \\ a_{1n} & a_{2n} & \cdots & a_{mn} \end{pmatrix}$$

由定義可知, 若 A 是 $m \times n$ 矩陣, A^T 的 (i, j) 元素恰是 A 的 (j, i) 元素.

例 7 設 $A = \begin{pmatrix} 1 & 2 & 3 \\ 4 & 5 & 6 \end{pmatrix}$, 則它的轉置是 $A^T = \begin{pmatrix} 1 & 4 \\ 2 & 5 \\ 3 & 6 \end{pmatrix}$.

矩陣的轉置具有下列運算規律(設運算有意義)

（1）$(A^T)^T = A$

（2）$(aB)^T = aB^T$

(3) $(A+B)^T = A^T + B^T$

(4) $(AB)^T = B^T A^T$

例8 已知 $A = \begin{pmatrix} 2 & 0 & -1 \\ 1 & 3 & 2 \end{pmatrix}$, $B = \begin{pmatrix} 1 & 7 & -1 \\ 4 & 2 & 3 \\ 2 & 0 & 1 \end{pmatrix}$, 求 $(AB)^T$.

解 方法1 $AB = \begin{pmatrix} 2 & 0 & -1 \\ 1 & 3 & 2 \end{pmatrix} \begin{pmatrix} 1 & 7 & -1 \\ 4 & 2 & 3 \\ 2 & 0 & 1 \end{pmatrix} = \begin{pmatrix} 0 & 14 & -3 \\ 17 & 13 & 10 \end{pmatrix}$

所以 $(AB)^T = \begin{pmatrix} 0 & 17 \\ 14 & 13 \\ -3 & 10 \end{pmatrix}$

方法2 $(AB)^T = B^T A^T = \begin{pmatrix} 1 & 4 & 2 \\ 7 & 2 & 0 \\ -1 & 3 & 1 \end{pmatrix} \begin{pmatrix} 2 & 1 \\ 0 & 3 \\ -1 & 2 \end{pmatrix} = \begin{pmatrix} 0 & 17 \\ 14 & 13 \\ -3 & 10 \end{pmatrix}$

定義2.7 如果方陣A滿足$A^T = A$,則稱A是**對稱方陣**.

定義2.8 如果方陣A滿足$A^T = -A$,則稱A是**反對稱方陣**.

例9 下列矩陣A是對稱方陣,B是反對稱方陣.

$$A = \begin{pmatrix} 5 & 2 & 3 \\ 2 & 1 & 4 \\ 3 & 3 & 0 \end{pmatrix}, \quad B = \begin{pmatrix} 0 & 3 & 2 \\ -3 & 0 & -1 \\ -2 & 1 & 0 \end{pmatrix}$$

五、方陣的行列式

定義2.9 由n階方陣A的元素所構成的行列式(各元素的位置不變),稱為方陣A的**行列式**,記作$|A|$或$detA$.

註: 方陣與行列式是兩個不同的概念,n階方陣是n^2個數按一定方式排列的數表,而n階行列式則是這些數按一定的運算法制所確定的一個數值(實數或複數).

由A確定$|A|$的運算滿足下述運算律(假設運算是可行的).

(1) $|A| = |A|^T$.

(2) $|\lambda A| = \lambda^n |A|$ (λ 是數)

(3) $|AB| = |A||B|$

註: 由性質3可知,對於n階矩陣A、B,雖然一般$AB \neq BA$,但是
$$|AB| = |A||B| = |B||A| = |BA|.$$

第三節　逆矩陣

一、逆矩陣的定義

我們知道數的除法是乘法的逆運算,那麼矩陣的乘法有沒有逆運算呢? 由於數的乘法滿足交換律,所以由 $ab = ba = c$,可以定義 $c \div a = \dfrac{c}{a} = b$. 而矩陣乘法不滿足交換律,所以矩陣不能定義除法運算. 對於數 a, b,如果 $ab = 1$,則稱 $b = \dfrac{1}{a}$ 為 a 的逆,數 a 滿足 $aa^{-1} = a^{-1}a = 1$. 由此我們自然會想到有沒有矩陣 A 類似於非零數 a 的這種性質呢? 這個答案是肯定的,例如:

$$\begin{pmatrix} 2 & \\ & 2 \end{pmatrix} \begin{pmatrix} \dfrac{1}{2} & \\ & \dfrac{1}{2} \end{pmatrix} = \begin{pmatrix} \dfrac{1}{2} & \\ & \dfrac{1}{2} \end{pmatrix} \begin{pmatrix} 2 & \\ & 2 \end{pmatrix} = E$$

其中單位矩陣類似於數中的 1. 下面給出一般定義.

定義 2.10　對於 n 階方陣 A,如果有一個 n 階方陣 B,使

$$AB = BA = E,$$

則稱方陣 A 是**可逆的**,並把矩陣 B 稱為 A 的**逆矩陣**,簡稱為 A 的**逆**.

定理 2.1　若方陣 A 是可逆的,那麼 A 的逆矩陣是唯一的.

事實上,設 B、C 都是 A 的逆陣,則有

$AB = BA = E, AC = CA = E,$

$B = EB = (CA)B = C(AB) = CE = C,$

所以 A 的逆陣是唯一的,記為 A^{-1}.

二、方陣可逆的充要條件

定義 2.11　設 n 階方陣 $A = (a_{ij})$,元素 a_{ij} 在 $|A|$ 中的代數餘子式為 $A_{ij}(i, j = 1, 2, \cdots, n)$,則

矩陣

$$A^* = \begin{pmatrix} A_{11} & A_{21} & \cdots & A_{n1} \\ A_{12} & A_{22} & \cdots & A_{n2} \\ \vdots & \vdots & & \vdots \\ A_{1n} & A_{2n} & \cdots & A_{nn} \end{pmatrix}$$

稱為 A 的**伴隨矩陣**.

例 1　設 $A = \begin{pmatrix} 2 & 2 & 3 \\ 1 & -1 & 0 \\ -1 & 2 & 1 \end{pmatrix}$,試求 A^*.

解 通過計算可得：

$A_{11} = -1$, $A_{12} = -1$, $A_{13} = 1$, $A_{21} = 4$
$A_{22} = 5$, $A_{23} = -6$, $A_{31} = 3$, $A_{32} = 3$, $A_{33} = -4$

所以
$$A^* = \begin{pmatrix} -1 & 4 & 3 \\ -1 & 5 & 3 \\ 1 & -6 & -4 \end{pmatrix}$$

定義2.12 如果 n 階矩陣 A 的行列式 $|A| \neq 0$，則稱 A 為非奇異的，否則稱 A 為奇異的.

定理2.2 n 階矩陣 A 可逆的充分必要條件是其行列式 $|A| \neq 0$，且當其可逆時，有

$$A^{-1} = \frac{1}{|A|} A^*$$

其中 A^* 為 A 的伴隨矩陣.

證明 必要性. 由 A 可逆，知存在 n 階矩陣 B 滿足 $AB = E$，從而
$$|A||B| = |AB| = |E| = 1 \neq 0.$$
因此 $|A| \neq 0$，同時 $|B| \neq 0$.

充分性. 設 $A = (a_{ij})_{n \times n}$，則

$$AA^* = \begin{pmatrix} a_{11} & a_{12} & \cdots & a_{1n} \\ a_{21} & a_{22} & \cdots & a_{2n} \\ \cdots & \cdots & & \cdots \\ a_{n1} & a_{n2} & \cdots & a_{nn} \end{pmatrix} \begin{pmatrix} A_{11} & A_{21} & \cdots & A_{n1} \\ A_{12} & A_{22} & \cdots & A_{n2} \\ \vdots & \vdots & & \vdots \\ A_{1n} & A_{2n} & \cdots & A_{nn} \end{pmatrix} = \begin{pmatrix} |A| & 0 & \cdots & 0 \\ 0 & |A| & \cdots & 0 \\ \cdots & \cdots & & \cdots \\ 0 & 0 & \cdots & |A| \end{pmatrix}$$

$= |A| E$

且當 $|A| \neq 0$ 時，有 $A \left(\frac{1}{|A|} A^* \right) = E$

類似地，可得 $A^* A = |A| E$，且當 $|A| \neq 0$ 時，有 $\left(\frac{1}{|A|} A^* \right) A = E$

由定義知，矩陣 A 可逆，且 $A^{-1} = \frac{1}{|A|} A^*$.

此定理不僅給出了方陣 A 可逆的充分必要條件，而且提供了求 A^{-1} 的一種方法.

例2 求例1中矩陣 A 的逆矩陣 A^{-1}.

解 因 $|A| = \begin{vmatrix} 2 & 2 & 3 \\ 1 & -1 & 0 \\ -1 & 2 & 1 \end{vmatrix} = -1 \neq 0$

故矩陣 A 可逆，由例1的結果已知 $A^* = \begin{pmatrix} -1 & 4 & 3 \\ -1 & 5 & 3 \\ 1 & -6 & -4 \end{pmatrix}$. 於是

$$A^{-1} = \frac{1}{|A|}A^* = -\begin{pmatrix} -1 & 4 & 3 \\ -1 & 5 & 3 \\ 1 & -6 & -4 \end{pmatrix} = \begin{pmatrix} 1 & -4 & -3 \\ 1 & -5 & -3 \\ -1 & 6 & 4 \end{pmatrix}$$

例3 設 $A = \begin{pmatrix} 1 & 3 & 3 \\ 1 & 4 & 3 \\ 1 & 3 & 4 \end{pmatrix}$，驗證 A 是否可逆，若可逆求其逆．

解 求得 $|A| = 1 \neq 0$，知 A 可逆，再計算

$$A^* = \begin{pmatrix} 7 & -3 & -3 \\ -1 & 1 & 0 \\ -1 & 0 & 1 \end{pmatrix}$$

所以

$$A^{-1} = \frac{1}{|A|}A^* = \begin{pmatrix} 7 & -3 & -3 \\ -1 & 1 & 0 \\ -1 & 0 & 1 \end{pmatrix}$$

三、可逆矩陣的性質

可逆矩陣有如下重要的性質：

性質1 若 A 可逆，則 A^{-1} 也可逆，且 $(A^{-1})^{-1} = A$．

性質2 若 A 可逆，數 $\lambda \neq 0$，則 λA 可逆，且 $(\lambda A)^{-1} = \frac{1}{\lambda}A^{-1}$．

證明 由於 $(\lambda A)\frac{1}{\lambda}A^{-1} = \left(\lambda \frac{1}{\lambda}\right)(AA^{-1}) = E$　即證．

性質3 若 A, B 均為可逆矩陣，則 AB 也可逆，且 $(AB)^{-1} = B^{-1}A^{-1}$

證明 由於 $(AB)(B^{-1}A^{-1}) = A(BB^{-1})A^{-1} = AEA^{-1} = AA^{-1} = E$，即有 $(AB)^{-1} = B^{-1}A^{-1}$．

這一結果可以推廣為若 n 階矩陣 $A_1, A_2, \cdots A_s$ 都可逆，則它們的乘積 $A_1A_2\cdots A_s$ 也可逆，且

$$(A_1A_2\cdots A_s)^{-1} = A_s^{-1}\cdots A_2^{-1}A_1^{-1}$$

性質4 若 A 可逆，則 A^T 也可逆，且 $(A^T)^{-1} = (A^{-1})^T$

證明 $A^T(A^{-1})^T = E^T = E$．所以

$$(A^T)^{-1} = (A^{-1})^T$$

當 $|A| \neq 0$ 時，還可以定義

$$A^0 = E, A^{-k} = (A^{-1})^k$$
$$A^\lambda A^\mu = A^{\lambda+\mu}, (A^\lambda)^\mu = A^{\lambda\mu}$$

其中 λ, k, μ 均為整數．

性質5 若 A 可逆，則 $|A^{-1}| = |A|^{-1}$．

證明 因為 $AA^{-1} = E$，故 $|A||A^{-1}| = 1$，從而 $|A^{-1}| = |A|^{-1}$．

四、矩陣方程

對標準矩陣方程
$$AX = B, \quad XA = B, \quad AXB = C,$$
利用矩陣乘法的運算規律和逆矩陣的運算性質,通過在方程兩邊左乘或右乘相應矩陣的逆矩陣,可求出其解分別為
$$X = A^{-1}B, \quad X = BA^{-1}, \quad X = A^{-1}CB^{-1},$$
而其他形式的矩陣方程,則可通過矩陣的有關性質轉化為標準矩陣方程後進行求解.

例4 設 $A = \begin{pmatrix} 1 & 3 & 3 \\ 1 & 4 & 3 \\ 1 & 3 & 4 \end{pmatrix}, B = \begin{pmatrix} 2 & 1 \\ 5 & 3 \end{pmatrix}, C = \begin{pmatrix} 1 & 0 \\ 0 & 1 \\ 1 & 0 \end{pmatrix}$,求矩陣 X 使 $AXB = C$.

解 由於 $|A| = 1 \neq 0, |B| = 1 \neq 0$,所以 A^{-1}, B^{-1} 存在,用 A^{-1} 左乘上式兩端,B^{-1} 右乘上式兩端,有
$$A^{-1}AXBB^{-1} = A^{-1}CB^{-1}$$
$$X = A^{-1}CB^{-1}$$
因為
$$A^{-1} = \begin{pmatrix} 7 & -3 & -3 \\ -1 & 1 & 0 \\ -1 & 0 & 1 \end{pmatrix}, \quad B^{-1} = \begin{pmatrix} 3 & -1 \\ -5 & 2 \end{pmatrix}$$
於是
$$X = A^{-1}CB^{-1} = \begin{pmatrix} 7 & -3 & -3 \\ -1 & 1 & 0 \\ -1 & 0 & 1 \end{pmatrix} \begin{pmatrix} 1 & 0 \\ 0 & 1 \\ 1 & 0 \end{pmatrix} \begin{pmatrix} 3 & -1 \\ -5 & 2 \end{pmatrix}$$
$$= \begin{pmatrix} 4 & -3 \\ -1 & 1 \\ 0 & 0 \end{pmatrix} \begin{pmatrix} 3 & -1 \\ -5 & 2 \end{pmatrix} = \begin{pmatrix} 27 & -10 \\ -8 & 3 \\ 0 & 0 \end{pmatrix}$$

第四節　矩陣的初等變換與初等矩陣

矩陣的初等變換是矩陣的一種重要的運算,在線性方程組的求解及矩陣理論的研究中都具有重要的作用.

一、矩陣的初等變換

定義2.13 下面三種變換稱為矩陣 A 的初等行(列)變換:
(1) 交換矩陣 A 的某兩行(列);如,交換 i, j 兩行(列)的初等行(列)變換記

作 $r_i \leftrightarrow r_j (c_i \leftrightarrow c_j)$.

(2) 用非零常數 k 乘矩陣 A 的某一行(列);如,以 $k \neq 0$ 乘矩陣的第 i 行(列) 的初等行(列) 變換記作 $kr_i(kc_i)$.

(3) 將矩陣 A 的某一行(列) 乘以常數 k 再加到另一行(列) 上去.如,矩陣 A 的第 j 行(列) 乘以常數 k 再加到第 i 行(列) 的初等行(列) 變換記作 $r_i + kr_j(c_i + kc_j)$.

矩陣的初等行變換與初等列變換統稱為矩陣的**初等變換**.

例 1 設矩陣 $A = \begin{pmatrix} 2 & 1 & 2 & 3 \\ 4 & 1 & 3 & 5 \\ 2 & 0 & 1 & 2 \end{pmatrix}$,對其作如下初等行變換:

$$A = \begin{pmatrix} 2 & 1 & 2 & 3 \\ 4 & 1 & 3 & 5 \\ 2 & 0 & 1 & 2 \end{pmatrix} \xrightarrow[r_2 - 2r_1]{r_3 - r_1} \begin{pmatrix} 2 & 1 & 2 & 3 \\ 0 & -1 & -1 & -1 \\ 0 & -1 & -1 & -1 \end{pmatrix}$$

$$\xrightarrow{r_3 - r_2} \begin{pmatrix} 2 & 1 & 2 & 3 \\ 0 & -1 & -1 & -1 \\ 0 & 0 & 0 & 0 \end{pmatrix} \triangleq B$$

這裡的矩陣 B 以其形狀的特徵稱為**階梯形矩陣**.

例如,下列矩陣均為行階梯形矩陣:

$$\begin{pmatrix} 1 & 0 & -1 \\ 0 & 5 & 2 \\ 0 & 0 & 8 \end{pmatrix}, \begin{pmatrix} 0 & 1 & -3 & -1 \\ 0 & 0 & 0 & 7 \\ 0 & 0 & 0 & 0 \end{pmatrix}, \begin{pmatrix} 2 & 1 & 0 & 2 \\ 0 & -1 & 1 & 1 \\ 0 & 0 & 3 & 5 \end{pmatrix}$$

定義 2.14 一般地,稱滿足下列條件的矩陣稱為**階梯形矩陣**:

(1) 零行(元素全為零的行) 位於矩陣的下方;

(2) 各非零行(元素不全為零的行) 的首非零元(從左至右第一個不為零的元素) 的列標隨著行標的增大而嚴格增大(或說其列標一定不小於行標).

對例 1 中的階梯形矩陣 B 再作如下初等行變換:

$$B = \begin{pmatrix} 2 & 1 & 2 & 3 \\ 0 & -1 & -1 & -1 \\ 0 & 0 & 0 & 0 \end{pmatrix} \xrightarrow{-r_2} \begin{pmatrix} 2 & 1 & 2 & 3 \\ 0 & 1 & 1 & 1 \\ 0 & 0 & 0 & 0 \end{pmatrix}$$

$$\xrightarrow[\frac{1}{2}r_1]{r_1 - r_2} \begin{pmatrix} 1 & 0 & \frac{1}{2} & 1 \\ 0 & 1 & 1 & 1 \\ 0 & 0 & 0 & 0 \end{pmatrix} \triangleq C$$

稱這裡的特殊形狀的階梯形矩陣 C 為**行最簡形矩陣**.

定義 2.15 一般地,稱滿足下列條件的階梯形矩陣為**行最簡形矩陣**:

(1) 各非零行的首非零元都是 1;

(2) 每個首非零元所在列的其餘元素都是零.

例如,下列矩陣均為行最簡形矩陣:

$$\begin{pmatrix} 1 & 0 & 0 \\ 0 & 1 & 0 \\ 0 & 0 & 1 \end{pmatrix}, \begin{pmatrix} 1 & 0 & 0 & -1 \\ 0 & 1 & 0 & 7 \\ 0 & 0 & 1 & 2 \end{pmatrix}, \begin{pmatrix} 1 & 0 & 0 & 0 \\ 0 & 1 & 0 & 0 \\ 0 & 0 & 1 & 0 \\ 0 & 0 & 0 & 0 \end{pmatrix}$$

定理 2.3　對於任何矩陣 A,總可以經過有限次初等行變換化為行階梯形矩陣,並進而化為行最簡形矩陣.

二、初等矩陣

下面我們來定義初等矩陣的概念.

定義 2.16　由單位矩陣 E 經過一次初等變換得到的矩陣稱為初等矩陣.

三種初等變換對應著三種初等矩陣.

（1）**初等對換矩陣**　交換 E 的 i,j 兩行或是 i,j 兩列得到的初等矩陣;記作 P_{ij}.

$$P_{ij} = \begin{pmatrix} 1 & & & & & & & & & \\ & \ddots & & & & & & & & \\ & & 1 & & & & & & & \\ & & & 0 & 0 & \cdots & 0 & 1 & & \\ & & & 0 & 1 & \cdots & 0 & 0 & & \\ & & & \vdots & \vdots & \ddots & \vdots & \vdots & & \\ & & & 0 & 0 & \cdots & 1 & 0 & & \\ & & & 1 & 0 & \cdots & 0 & 0 & & \\ & & & & & & & & 1 & \\ & & & & & & & & & \ddots \\ & & & & & & & & & & 1 \end{pmatrix} \begin{matrix} \\ \\ \\ i\,行 \\ \\ \\ \\ j\,行 \\ \\ \\ \end{matrix}$$

$\qquad\qquad\qquad\qquad i\,列\qquad\quad j\,列$

（2）**初等倍法矩陣**　用一個非零數 k 乘以 E 的第 i 行或第 i 列,得到的初等矩陣;記作 $D_i(k)$.

$$D_i(k) = \begin{pmatrix} 1 & & & & & & \\ & \ddots & & & & & \\ & & 1 & & & & \\ & & & k & & & \\ & & & & 1 & & \\ & & & & & \ddots & \\ & & & & & & 1 \end{pmatrix} i\,行$$

$\qquad\qquad\qquad\qquad i\,列$

（3）**初等消法矩陣**　將 E 的第 j 行的 k 倍加到第 i 行上去,或將 E 的第 i 列的 k 倍

加到第 j 列上去,得到的初等矩陣;記作 $T_{ij}(k)$.

$$T_{ij}(k) = \begin{pmatrix} 1 & & & & & & & \\ & \ddots & & & & & & \\ & & 1 & \cdots & k & & & \\ & & & \ddots & \vdots & & & \\ & & & & 1 & & & \\ & & & & & \ddots & & \\ & & & & & & 1 & \end{pmatrix} \begin{matrix} \\ \\ i\,行 \\ \\ j\,行 \\ \\ \\ \end{matrix}$$

$$\phantom{T_{ij}(k) = \begin{pmatrix}}i\,列j\,列$$

前面我們學習了初等矩陣,由上述定義可知,初等矩陣是可逆矩陣且初等矩陣的逆矩陣仍是初等矩陣.

事實上: $P_{ij}^{-1} = P_{ij}$, $(D_i(k))^{-1} = D_i(\dfrac{1}{k})$, $(T_{ij}(k))^{-1} = T_{ij}(-k)$.

定義 2.17 設矩陣 $A = (a_{i,j})_{m \times n}$,對 A 施以一次行初等變換相當於在 A 的左側乘以一個 m 階的初等矩陣;對 A 施以一次列初等變換相當於在 A 的右側乘以一個 n 階的初等矩陣.

我們只對第三種行初等變換進行證明.

$$T_{ij}(k)A = \begin{pmatrix} 1 & & & & & & \\ & \ddots & & & & & \\ & & 1 & \cdots & k & & \\ & & & \ddots & \vdots & & \\ & & & & 1 & & \\ & & & & & \ddots & \\ & & & & & & 1 \end{pmatrix} \begin{pmatrix} a_{11} & a_{12} & \cdots & a_{1n} \\ \cdots & \cdots & \cdots & \cdots \\ a_{i1} & a_{i2} & \cdots & a_{in} \\ \cdots & \cdots & \cdots & \cdots \\ a_{j1} & a_{j2} & \cdots & a_{jn} \\ \cdots & \cdots & \cdots & \cdots \\ a_{m1} & a_{m2} & \cdots & a_{mn} \end{pmatrix}$$

$$= \begin{pmatrix} a_{11} & a_{12} & \cdots & a_{1n} \\ \cdots & \cdots & \cdots & \cdots \\ a_{i1}+ka_{j1} & a_{i2}+ka_{j2} & \cdots & a_{in}+ka_{jn} \\ \cdots & \cdots & \cdots & \cdots \\ a_{j1} & a_{j2} & \cdots & a_{jn} \\ \cdots & \cdots & \cdots & \cdots \\ a_{m1} & a_{m2} & \cdots & a_{mn} \end{pmatrix}$$

其他的情形請讀者自證.

由上述定理我們還可以得到一個 $m \times n$ 的矩陣 A 與初等矩陣之間的關係.

定義 2.18 一個 $m \times n$ 的矩陣 A 總可以表示為:

$$A = E_1 E_2 \cdots E_s R$$

的形式,其中 $E_1, E_2, \cdots, E_s$ 為 m 階初等矩陣,R 為 $m \times n$ 的簡化階梯形矩陣.

定理 2.4 一個 n 階矩陣可逆的充分必要條件是存在有限個初等矩陣 $E_1, E_2, \cdots, E_s$ 使 $A = E_1 E_2 \cdots E_s$.

例 2 設矩陣

$$A = \begin{pmatrix} 1 & 2 & 3 \\ 2 & 2 & 1 \\ 3 & 4 & 3 \end{pmatrix}$$

求 A 的逆矩陣.

解

$$(A, E) = \begin{pmatrix} 1 & 2 & 3 & \vdots & 1 & 0 & 0 \\ 2 & 2 & 1 & \vdots & 0 & 1 & 0 \\ 3 & 4 & 3 & \vdots & 0 & 0 & 1 \end{pmatrix} \sim \begin{pmatrix} 1 & 2 & 3 & \vdots & 1 & 0 & 0 \\ 0 & -2 & -5 & \vdots & -2 & 1 & 0 \\ 0 & -2 & -6 & \vdots & -3 & 0 & 1 \end{pmatrix}$$

$$\sim \begin{pmatrix} 1 & 2 & 3 & \vdots & 1 & 0 & 0 \\ 0 & -2 & -5 & \vdots & -2 & 1 & 0 \\ 0 & 0 & -1 & \vdots & -1 & -1 & 1 \end{pmatrix} \sim \begin{pmatrix} 1 & 0 & 0 & \vdots & 1 & 3 & -2 \\ 0 & -2 & 0 & \vdots & 3 & 6 & -5 \\ 0 & 0 & -1 & \vdots & -1 & -1 & 1 \end{pmatrix}$$

$$\sim \begin{pmatrix} 1 & 0 & 0 & \vdots & 1 & 3 & -2 \\ 0 & 1 & 0 & \vdots & -\frac{3}{2} & -3 & \frac{5}{2} \\ 0 & 0 & 1 & \vdots & 1 & 1 & 1 \end{pmatrix}$$

$$A^{-1} = \begin{pmatrix} 1 & 3 & -2 \\ -\frac{3}{2} & -3 & \frac{5}{2} \\ 1 & 1 & -1 \end{pmatrix}$$

例 3 設矩陣

$$A = \begin{pmatrix} 0 & 1 & 2 \\ 1 & 1 & 4 \\ 2 & -1 & 0 \end{pmatrix}$$

求 A^{-1}.

解 $(A, E) = \begin{pmatrix} 0 & 1 & 2 & \vdots & 1 & 0 & 0 \\ 1 & 1 & 4 & \vdots & 0 & 1 & 0 \\ 2 & -1 & 0 & \vdots & 0 & 0 & 1 \end{pmatrix} \sim \begin{pmatrix} 1 & 1 & 4 & \vdots & 0 & 1 & 0 \\ 0 & 1 & 2 & \vdots & 1 & 0 & 0 \\ 2 & -1 & 0 & \vdots & 0 & 0 & 1 \end{pmatrix}$

$$\sim \begin{pmatrix} 1 & 1 & 4 & \vdots & 0 & 1 & 0 \\ 0 & 1 & 2 & \vdots & 1 & 0 & 0 \\ 0 & -3 & -8 & \vdots & 0 & -2 & 1 \end{pmatrix} \sim \begin{pmatrix} 1 & 0 & 2 & \vdots & -1 & 1 & 0 \\ 0 & 1 & 2 & \vdots & 1 & 0 & 0 \\ 0 & 0 & -2 & \vdots & 3 & -2 & 1 \end{pmatrix}$$

$$\sim \begin{pmatrix} 1 & 0 & 0 & \vdots & 2 & -1 & 1 \\ 0 & 1 & 0 & \vdots & 4 & -2 & 1 \\ 0 & 0 & -2 & \vdots & 3 & -2 & 1 \end{pmatrix} \sim \begin{pmatrix} 1 & 0 & 0 & \vdots & 2 & -1 & 1 \\ 0 & 1 & 0 & \vdots & 4 & -2 & 1 \\ 0 & 0 & 1 & \vdots & -\frac{3}{2} & 1 & -\frac{1}{2} \end{pmatrix}$$

於是

$$A^{-1} = \begin{pmatrix} 2 & -1 & 1 \\ 4 & -2 & 1 \\ -\dfrac{3}{2} & 1 & -\dfrac{1}{2} \end{pmatrix}$$

第五節　矩陣的秩

我們知道,任意矩陣可經初等變換為行階梯形矩陣,這個行階梯形矩陣所含非零行的行數實際上就是本節將要討論的矩陣的秩. 它是矩陣的一個數字特徵,是矩陣在初等變換中的一個不變量,對研究矩陣的性質有著重要的作用.

定義 2.19　在 $m \times n$ 矩陣 A 中,任取 k 行 k 列 $(1 \leq k \leq m, 1 \leq k \leq n)$,位於這些行、列交叉處的 k^2 個元素,不改變它們在 A 中所處的位置次序而得到的 k 階行列式,稱為矩陣 A 的 k **階子式**.

註: $m \times n$ 矩陣 A 的 k 階子式共有 $C_m^k \cdot C_n^k$ 個.

例如,設矩陣 $A = \begin{pmatrix} 1 & 3 & 4 & 5 \\ -1 & 0 & 2 & 3 \\ 0 & 1 & -1 & 0 \end{pmatrix}$,則由 1、3 兩行,2、4 兩列構成的二階子式為 $\begin{vmatrix} 3 & 5 \\ 1 & 0 \end{vmatrix}$.

定義 2.20　如果矩陣 A 中有一個 r 階子式 $D_r \neq 0$,而所有 $r+1$ 階子式(如果存在的話)的值全為 0,則稱 D_r 為矩陣 A 的一個**最高階非零子式**,其階數 r 稱為矩陣 A 的**秩**,記作 $r(A)$ 或 $R(A)$. 並規定零矩陣的秩為 0.

例 1　求矩陣 $A = \begin{pmatrix} 1 & 2 & 3 \\ 2 & 3 & -5 \\ 4 & 7 & 1 \end{pmatrix}$ 的秩.

解　在 A 中,$\begin{vmatrix} 1 & 3 \\ 2 & -5 \end{vmatrix} \neq 0$. 又 A 的三階子式只有一個 $|A|$,且

$$|A| = \begin{vmatrix} 1 & 2 & 3 \\ 2 & 3 & -5 \\ 4 & 7 & 1 \end{vmatrix} = \begin{vmatrix} 1 & 2 & 3 \\ 0 & -1 & -11 \\ 0 & -1 & -11 \end{vmatrix} = 0$$

故 $r(A) = 2$.

例 2　求矩陣 $A = \begin{pmatrix} 1 & -1 & 0 & 2 & 3 \\ 0 & 2 & 1 & -1 & 0 \\ 0 & 0 & 0 & 2 & -1 \\ 0 & 0 & 0 & 0 & 0 \end{pmatrix}$ 的秩.

解 A 是一個行階梯形矩陣,其非零行有 3 行,即知 A 的所有 4 階子式全為零.而以上 3 個非零行的首非零行的非零元為對角元的 3 階行列式

$$\begin{vmatrix} 1 & -1 & 2 \\ 0 & 2 & -1 \\ 0 & 0 & 2 \end{vmatrix}$$

是一個上三角行列式,它的值顯然不等於 0,因此 $r(A) = 3$.

顯然,矩陣的秩具有下列性質:

(1) 若矩陣 A 有某個 s 階子式不為 0,則 $r(A) \geqslant s$;
(2) 若 A 中所有的 t 階子式全為 0,則 $r(A) < t$;
(3) 若 A 為 $m \times n$ 矩陣,則 $0 \leqslant r(A) \leqslant min\{m, n\}$;
(4) $r(A) = r(A^T)$.

當 $r(A) = min\{m, n\}$,稱矩陣 A 為**滿秩矩陣**,否則稱為**降秩矩陣**.

例如,對矩陣 $A = \begin{pmatrix} 1 & 3 & 4 & 5 \\ 0 & 1 & 0 & 3 \\ 0 & 0 & 1 & 0 \end{pmatrix}$,$0 \leqslant r(A) \leqslant 3$,又存在三階子式

$$\begin{vmatrix} 1 & 3 & 4 \\ 0 & 1 & 0 \\ 0 & 0 & 1 \end{vmatrix} = 1 \neq 0$$

所以 $r(A) \geqslant 3$,從而 $r(A) = 3$,故 A 為滿秩矩陣.

由上面的例子可知,利用定義計算矩陣的秩,需要由高階到低階考慮矩陣的子式,當行數與列數較高時,按定義求秩是非常麻煩的.

由於行階梯形矩陣的秩很容易判斷,而任意矩陣都可以經過有限次初等行變換化為階梯形矩陣,因而可考慮借助初等變換法來求矩陣的秩.

定理 2.5 初等變換不改變矩陣的秩.

證明 略

根據這個定理,我們可得到利用初等變換求矩陣秩的方法:把矩陣用初等變換變成行階梯形矩陣,行階梯形矩陣中非零行的行數就是該矩陣的秩.

例 3 求矩陣 $\begin{pmatrix} 1 & 0 & 0 & 1 \\ 1 & 2 & 0 & -1 \\ 3 & -1 & 0 & 4 \\ 1 & 4 & 5 & 1 \end{pmatrix}$ 的秩.

解 $A \xrightarrow[r_3-3r_1]{r_2-r_1} \begin{pmatrix} 1 & 0 & 0 & 1 \\ 0 & 2 & 0 & -2 \\ 0 & -1 & 0 & 1 \\ 0 & 4 & 5 & 0 \end{pmatrix} \xrightarrow[r_4-4r_2]{r_2 \div 2}_{r_3+r_2} \begin{pmatrix} 1 & 0 & 0 & 1 \\ 0 & 1 & 0 & -1 \\ 0 & 0 & 0 & 0 \\ 0 & 0 & 5 & 4 \end{pmatrix} \xrightarrow{r_3 \leftrightarrow r_4} \begin{pmatrix} 1 & 0 & 0 & 1 \\ 0 & 1 & 0 & -1 \\ 0 & 0 & 5 & 4 \\ 0 & 0 & 0 & 0 \end{pmatrix}$

所以 $r(A) = 3$.

例4 設 $A = \begin{pmatrix} 3 & 2 & 0 & 5 & 0 \\ 3 & -2 & 3 & 6 & -1 \\ 2 & 0 & 1 & 5 & -3 \\ 1 & 6 & -4 & -1 & 4 \end{pmatrix}$,求矩陣 A 的秩,並求 A 的一個最高非零子式.

解 對 A 作初等變換,變成行階梯形矩陣.

$$A \xrightarrow{r_1 \leftrightarrow r_4} \begin{pmatrix} 1 & 6 & -4 & -1 & 4 \\ 3 & -2 & 3 & 6 & -1 \\ 2 & 0 & 1 & 5 & -3 \\ 3 & 2 & 0 & 5 & 0 \end{pmatrix} \xrightarrow{r_2 - r_4} \begin{pmatrix} 1 & 6 & -4 & -1 & 4 \\ 0 & -4 & 3 & 1 & -1 \\ 2 & 0 & 1 & 5 & -3 \\ 3 & 2 & 0 & 5 & 0 \end{pmatrix}$$

$$\xrightarrow[r_4 - 3r_1]{r_3 - 2r_1} \begin{pmatrix} 1 & 6 & -4 & 1 & 4 \\ 0 & -4 & 3 & 1 & -1 \\ 0 & -12 & 9 & 7 & -11 \\ 0 & -16 & 12 & 8 & -12 \end{pmatrix} \xrightarrow[r_4 - 4r_2]{r_3 - 3r_2} \begin{pmatrix} 1 & 6 & -4 & 1 & 4 \\ 0 & -4 & 3 & 1 & -1 \\ 0 & 0 & 0 & 4 & -8 \\ 0 & 0 & 0 & 4 & -8 \end{pmatrix}$$

$$\xrightarrow{r_4 - r_3} \begin{pmatrix} 1 & 6 & -4 & -1 & 4 \\ 0 & -4 & 3 & 1 & -1 \\ 0 & 0 & 0 & 4 & -8 \\ 0 & 0 & 0 & 0 & 0 \end{pmatrix}$$

由行階梯形矩陣有三個非零行可知 $r(A) = 3$.

再求 A 的一個最高階子式.由 $r(A) = 3$ 知,A 的最高階非零子式為三階. A 的三階子式共有 $C_4^3 \cdot C_5^3 = 40$ 個.

考察 A 的行階梯形矩陣,記 $A = (\alpha_1, \alpha_2, \alpha_3, \alpha_4, \alpha_5)$,則矩陣 $B = (\alpha_1, \alpha_2, \alpha_4)$ 的行階梯形矩陣為 $\begin{pmatrix} 1 & 6 & -1 \\ 0 & -4 & 1 \\ 0 & 0 & 4 \\ 0 & 0 & 0 \end{pmatrix}$,$r(B) = 3$,故 B 中必有三階非零子式,且共有四個.計算 B 中前三行構成的子式

$$\begin{vmatrix} 3 & 2 & 5 \\ 3 & -2 & 6 \\ 2 & 0 & 5 \end{vmatrix} = \begin{vmatrix} 3 & 2 & 5 \\ 6 & 0 & 11 \\ 2 & 0 & 5 \end{vmatrix} = -2 \begin{vmatrix} 6 & 11 \\ 2 & 5 \end{vmatrix} = -16 \neq 0$$

則這個子式便是 A 的一個最高階非零子式.

例5 設 $A = \begin{pmatrix} 1 & -1 & 1 & 2 \\ 3 & \lambda & -1 & 2 \\ 5 & 3 & \mu & 6 \end{pmatrix}$,已知 $r(A) = 2$,求 λ 與 μ 的值.

解 $A \xrightarrow[r_3 - 5r_1]{r_2 - 3r_1} \begin{pmatrix} 1 & -1 & 1 & 2 \\ 0 & \lambda+3 & -4 & -4 \\ 0 & 8 & \mu-5 & -4 \end{pmatrix} \xrightarrow{r_3 - r_2} \begin{pmatrix} 1 & -1 & 1 & 2 \\ 0 & \lambda+3 & -4 & -4 \\ 0 & 5-\lambda & \mu-1 & 0 \end{pmatrix}$,

因為 $r(A) = 2$,故 $5 - \lambda = 0, \mu - 1 = 0$,即 $\lambda = 5, \mu = 1$.

第六節　　矩陣的應用

一、生產成本計算

在生產管理中,經常要對生產過程中產生的數據進行統計、處理、分析,進而達到對生產過程的瞭解和監控,以此對生產進行管理和調控,保證生產的平穩以達到最好的經濟收益.但是在實際的生產過程中得到的原始數據往往紛繁複雜,直接計算起來比較困難,此時將該實際問題轉化成矩陣問題,計算起來就十分簡潔.

例1 假設 A 企業生產三種產品 A、B、C,每件產品的成本及每季度生產的件數如表 2 - 1 和表 2 - 2 所示.試求該企業每季度的總成本分類表.

表 2 - 1　　　　　　　A、B、C 三種產品的成本　　　　　　　單位:元

成本	產品 A	產品 B	產品 C
原材料費用	0.2	0.30	0.15
勞動費用	0.30	0.40	0.20
企業管理費用	0.10	0.25	0.60

表 2 - 2　　　　　A、B、C 三種產品各季度的生產數量　　　　　　單位:件

產品	春	夏	秋	冬
A	4,500	4,000	4,000	4,500
B	2,500	2,000	2,700	2,600
C	5,000	5,400	5,600	5,800

解 將該實際問題轉化為矩陣的計算問題,表 2 - 1 與表 2 - 1 兩張表格的數據分別表示為每件產品的成本矩陣為 P,季度產量矩陣為 Q,那麼就有:

$$P = \begin{pmatrix} 0.20 & 0.30 & 0.15 \\ 0.30 & 0.40 & 0.20 \\ 0.10 & 0.25 & 0.60 \end{pmatrix}, Q = \begin{pmatrix} 4,500 & 4,000 & 4,000 & 4,500 \\ 2,500 & 2,000 & 2,700 & 2,600 \\ 5,000 & 5,400 & 5,600 & 5,800 \end{pmatrix}$$

我們要計算的 A 企業每季度的總成本可以表示成矩陣 H,已知

$$H = PQ$$

通過矩陣的乘法運算得到

$$H = \begin{pmatrix} 2,400 & 2,210 & 2,450 & 2,550 \\ 3,350 & 3,080 & 3,400 & 3,550 \\ 4,075 & 4,140 & 4,435 & 4,580 \end{pmatrix}$$

由上述計算結果可得每個季度總成本分類如表2－3所示：

表2－3　　　　　A、B、C三種產品各季度的總成本分類　　　　　單位：元

成本(元)	春	夏	秋	冬	全年
原材料費用	2,400	2,210	2,450	2,550	9,610
勞動費用	3,350	3,080	3,400	3,550	13,380
企業管理費用	4,075	4,140	4,435	4,580	17,230
總成本費用	9,825	9,430	10,285	10,680	40,220

這樣，我們就利用矩陣的乘法把多個數據表匯總成一個數據表，從而比較直觀地反應了該工廠的生產成本。

二、人口流動問題

隨著社會的不斷進步與發展，大量的農村人口轉移到城市工作，從事各種工作。利用矩陣的相關內容可以預測若干年後從事各行業工作的人口變化趨勢。下面通過一個簡單的實例來說明該內容。

例2　假設某個城鎮共有50萬人，分別從事農業種植、外出打工、在本地工作，假設該城鎮的總人數在若干年內保持不變，然而有一項調查情況如下：

在這50萬就業的人員中，到目前為止大約有25萬人從事農業種植工作，大約有18萬人外出打工，大約有7萬人在本地工作；

在從事農業種植的人員中，每年大約有15%成為外出打工的人員，大約有10%通過學習科學技能成為本地的工作人員；

在外出打工的人員中，每年大約有10%回來從事農業種植工作，大約有10%成為本地的工作人員；

在本地工作的人員中，每年大約有10%成為農業種植人員，大約有15%選擇外出打工；

現在想知道一年後和二年後各行業人員的人數情況以及經過若干年之後，各行業人員總數的變化趨勢。

解　用三維向量$(x_i, y_i, z_i)^T$來表示第i年之後從事這三種行業的總人數，從已知條件可知$(x_0, y_0, z_0)^T = (25\ 18\ 7)^T$，而所要求的為$(X_1\ Y_1\ Z_1)^T$，$(X_2\ Y_2\ Z_2)^T$並考察當$n \to \infty$時$(X_n\ Y_n\ Z_n)^T$的變化趨勢。

依根據題意，一年後，從事農業種植、外出打工、在本地工作的人員總數應為

$$\begin{cases} X_1 = 0.8x_0 + 0.1y_0 + 0.1z_0 \\ Y_1 = 0.15x_0 + 0.7y_0 + 0.15z_0 \\ Z_1 = 0.1x_0 + 0.1y_0 + 0.8z_0 \end{cases}$$

即 $\begin{pmatrix} X_1 \\ Y_1 \\ Z_1 \end{pmatrix} = \begin{pmatrix} 0.8 & 0.1 & 0.1 \\ 0.15 & 0.15 & 0.7 \\ 0.1 & 0.1 & 0.8 \end{pmatrix} \begin{pmatrix} x_0 \\ y_0 \\ z_0 \end{pmatrix} = A \begin{pmatrix} x_0 \\ y_0 \\ z_0 \end{pmatrix}$

以 $(x_0, y_0, z_0)^T = (25 \quad 18 \quad 7)^T$ 代入上式,可得 $\begin{pmatrix} X_1 \\ Y_1 \\ Z_1 \end{pmatrix} = \begin{pmatrix} 22.5 \\ 11.35 \\ 9.9 \end{pmatrix}$

即一年後各行業人員的人數分別為 22.5 萬人、11.35 萬人、9.9 萬人.

同理

$\begin{pmatrix} X_2 \\ Y_2 \\ Z_2 \end{pmatrix} = A \begin{pmatrix} X_1 \\ Y_1 \\ Z_1 \end{pmatrix} = A^2 \begin{pmatrix} X_0 \\ Y_0 \\ Z_0 \end{pmatrix} = \begin{pmatrix} 20.125 \\ 12.008 \\ 11.305 \end{pmatrix}$

即兩年後各行業人員的人數分別為 20.125 萬人、12.008 萬人和 11.305 萬人.

進而推得 $\begin{pmatrix} X_n \\ Y_n \\ Z_n \end{pmatrix} = A \begin{pmatrix} X_{n-1} \\ Y_{n-1} \\ Z_{n-1} \end{pmatrix} = A^n \begin{pmatrix} X_0 \\ Y_0 \\ Z_0 \end{pmatrix}$

即 n 年之後各業人員的人數完全由 A^n 決定.

在這個問題的求解過程中,我們應用到矩陣的乘法、轉置等,將一個實際問題數學化,進而解決了實際生活中的人口流動問題.這個問題看似複雜,但通過對矩陣的正確應用,我們成功地將其解決.

三、Hill 密碼

密碼學在經濟和軍事方面都有著極其重要的作用.在密碼學中將信息代碼稱為密碼,沒有轉換成密碼的文字信息稱為明文,把用密碼表示的信息稱為密文.從明文轉換為密文的過程叫加密,反之則為解密.現在密碼學涉及很多高深的數學知識.

1929年,希爾(Hill)通過矩陣理論對傳輸信息進行加密處理,提出了在密碼學史上有重要地位的希爾加密算法.下面我們介紹一下這種算法的基本思想.

假設我們要發出「attack」這個消息.首先把每個字母 $a, b, c, d \cdots \cdots x, y, z$ 映射到數 $1, 2, 3, 4 \cdots \cdots 24, 25, 26$. 例如 1 表示 a,3 表示 c,20 表示 t,11 表示 k,另外用 0 表示空格,用 27 表示句號等.於是可以用以下數集來表示消息「attack」:

$\{1, 20, 20, 1, 3, 11\}$

把這個消息按列寫成矩陣的形式:

$M = \begin{pmatrix} 1 & 1 \\ 20 & 3 \\ 20 & 11 \end{pmatrix}$

第一步:「加密」工作.現在任選一個三階的可逆矩陣,例如:

$$A = \begin{pmatrix} 1 & 2 & 3 \\ 1 & 1 & 2 \\ 0 & 1 & 2 \end{pmatrix}$$

於是可以把將要發出的消息或者矩陣經過乘以 A 變成「密碼」(B) 後發出．

$$AM = \begin{pmatrix} 1 & 2 & 3 \\ 1 & 1 & 2 \\ 0 & 1 & 2 \end{pmatrix} \begin{pmatrix} 1 & 1 \\ 20 & 3 \\ 20 & 11 \end{pmatrix} = \begin{pmatrix} 101 & 40 \\ 61 & 26 \\ 60 & 25 \end{pmatrix} = B$$

第二步：「解密」．解密是加密的逆過程，這裡要用到矩陣 A 的逆矩陣 A^{-1}，這個可逆矩陣稱為解密的鑰匙，或稱為「密匙」．當然矩陣 A 是通信雙方都知道的．即用

$$A^{-1} = \begin{pmatrix} 0 & 1 & -1 \\ 2 & -2 & -1 \\ -1 & 1 & 1 \end{pmatrix}$$

從密碼中解出明碼：

$$A^{-1}B = \begin{pmatrix} 0 & 1 & -1 \\ 2 & -2 & -1 \\ -1 & 1 & 1 \end{pmatrix} \begin{pmatrix} 101 & 40 \\ 61 & 26 \\ 60 & 25 \end{pmatrix} = \begin{pmatrix} 1 & 1 \\ 20 & 3 \\ 20 & 11 \end{pmatrix} = M$$

通過反查字母與數字的映射，即可得到消息「$attack$」．

在實際應用中，可以選擇不同的可逆矩陣，不同的映射關係，也可以把字母對應的數字進行不同的排列得到不同的矩陣，這樣就有多種加密和解密的方式，從而保證了信息傳遞的秘密性．上述例子是矩陣乘法與逆矩陣的應用，將高等代數與密碼學緊密結合起來．運用數學知識破譯密碼，這一方法後來被運用到軍事等方面，可見矩陣的作用是何其強大．

習題二

1. 已知 $A = \begin{pmatrix} 1 & 3 \\ 2 & -1 \end{pmatrix}, B = \begin{pmatrix} 3 & 0 \\ 1 & 2 \end{pmatrix}$，求下列矩陣

   (1) $3A - 5B$　(2) $AB - BA$．

2. 已知矩陣 $A = BC$，其中 $B = \begin{pmatrix} 1 \\ 2 \\ 1 \end{pmatrix}, C = (2, -1, 2)$，求 A^3．

3. 已知 $A = \begin{pmatrix} -1 & 3 & 0 \\ 0 & 4 & 2 \end{pmatrix}, B = \begin{pmatrix} 4 & 1 \\ 2 & 5 \\ 3 & 4 \end{pmatrix}, C = \begin{pmatrix} 2 & -1 \\ 4 & 2 \end{pmatrix}$，求 $(ABC)^T$．

4. 設 $A = \begin{pmatrix} 3 & 7 & -3 \\ -2 & -5 & 2 \\ -4 & -10 & 3 \end{pmatrix}$,

（1）求 A 的伴隨矩陣 A^*,並驗證 $AA^* = A^*A = |A|E$

A 是否可逆？若可逆,求 A^{-1}.

5. 設 $A = \begin{pmatrix} 1 & 1 & 1 \\ 1 & 2 & 1 \\ 1 & 1 & 3 \end{pmatrix}$,求 A^{-1}.

6. 解矩陣方程 $A^2 - AX = E$,其中 $A = \begin{pmatrix} 1 & 1 & -1 \\ 0 & 1 & 1 \\ 0 & 0 & -1 \end{pmatrix}$, E 為 3 階單位方陣.

7. 求解矩陣方程 $AX = B$,其中 $A = \begin{pmatrix} 0 & 2 & -1 \\ 1 & 1 & 2 \\ -1 & -1 & -1 \end{pmatrix}$, $B = \begin{pmatrix} 2 & 0 \\ 4 & 0 \\ 1 & 1 \end{pmatrix}$.

8. 已知 $A = \begin{pmatrix} 1 & -1 & 0 \\ 0 & 1 & 2 \\ 2 & 0 & 1 \end{pmatrix}$,三階矩陣 X 滿足 $A^2X = 2E + AX$,求矩陣 X.

9. 某工廠生產三種產品 A、B、C.每種產品的原料費、支付員工工資、管理費和其他費用等見表 2-4,每季度生產每種產品的數量見表 2-5.計算 A、B、C 三種產品各季度的總成本.

表 2-4　　　　　　　　　生產單位產品的成本　　　　　　　　　單位:元

成本	產品		
	A	B	C
原料費用	10	20	15
支付工資	30	40	20
管理及其他費用	10	15	10

表 2-5　　　　　　　　　每種產品各季度產量　　　　　　　　　單位:件

產品	季度			
	春季	夏季	秋季	冬季
A	2,000	3,000	2,500	2,000
B	2,800	4,800	3,700	3,000
C	2,500	3,500	4,000	2,000

10. 假設某個城鎮有 40 萬人從事農業種植、外出務工、本地工作工作,假定這個

總人數在若干年內保持不變,而社會調查表明:

(1)在這 40 萬人員中,目前約有 25 萬人從事農業種植,10 萬人外出務工,5 萬人在本地工作;

(2)在從事農業種植的人員中,每年約有 10% 改為外出務工,10% 改為本地工作;

(3)在外出務工的人員中,每年約有 10% 改為農業種植,20% 改為本地工作;

(4)在本地工作的人員中,每年約有 10% 改為農業種植,20% 改為外出務工.

現欲預測一、二年後從事各行業人員的人數以及經過多年之後,從事各業人員總數之發展趨勢.

11. 設收到的信號為 $Q = (14 \quad 28 \quad 32)^T$,並已知加密矩陣為 $A = \begin{pmatrix} -1 & 0 & 2 \\ 0 & 1 & 2 \\ 1 & 1 & 2 \end{pmatrix}$,問原信號 B 是什麼?

第三章　線性方程組

引言：線性方程組在現實生活中有著廣泛的運用，在工程學、計算機科學、物理學、數學、生物學、經濟學、統計學、力學、信號與信號處理、系統控制、通信、航空等學科和領域都起著重要作用.在一些學科領域的研究中，線性方程組也有著不可撼動的輔助性作用，在實驗和調查後期利用線性方程組處理大量的數據是很方便簡潔的選擇.本章我們介紹線性方程組的相關概念以及解法，在此基礎上解決實際生活中的一些問題.

第一節　消元法

例1　用消元法求解線性方程組

$$\begin{cases} 2x_1 + 2x_2 - x_3 = 6 \\ x_1 - 2x_2 + 4x_3 = 3 \\ 5x_1 + 7x_2 + x_3 = 28 \end{cases}.$$

解　為觀察消元過程，我們將消元過程中每個步驟的方程組及其對應的矩陣一併列出：

$$\begin{cases} 2x_1 + 2x_2 - x_3 = 6 \\ x_1 - 2x_2 + 4x_3 = 3 \\ 5x_1 + 7x_2 + x_3 = 28 \end{cases} \text{①} \xleftrightarrow{\text{對應}} \begin{pmatrix} 2 & 2 & -1 & \vdots & 6 \\ 1 & -2 & 4 & \vdots & 3 \\ 5 & 7 & 1 & \vdots & 28 \end{pmatrix} \text{①}$$

$$\rightarrow \begin{cases} 2x_1 + 2x_2 - x_3 = 6 \\ -3x_2 + \dfrac{9}{2}x_3 = 0 \\ 2x_2 + \dfrac{7}{2}x_3 = 13 \end{cases} \text{②} \leftrightarrow \begin{pmatrix} 2 & 2 & -1 & 6 \\ 0 & -3 & \dfrac{9}{2} & 0 \\ 0 & 2 & \dfrac{7}{2} & 13 \end{pmatrix} \text{②}$$

$$\rightarrow \begin{cases} 2x_1 + 2x_2 - x_3 = 6 \\ -3x_2 + \dfrac{9}{2}x_3 = 0 \\ \dfrac{13}{2}x_3 = 13 \end{cases} \text{③} \leftrightarrow \begin{pmatrix} 2 & 2 & -1 & 6 \\ 0 & -3 & \dfrac{9}{2} & 0 \\ 0 & 0 & \dfrac{13}{2} & 13 \end{pmatrix} \text{③}$$

$$\rightarrow \begin{cases} 2x_1 + 2x_2 - x_3 = 6 \\ -3x_2 + \frac{9}{2}x_3 = 0 \\ x_3 = 2 \end{cases} ④ \longleftrightarrow \begin{pmatrix} 2 & 2 & -1 & 6 \\ 0 & -3 & \frac{9}{2} & 0 \\ 0 & 0 & 1 & 2 \end{pmatrix} ④$$

從最後一個方程得到 $x_3 = 2$，將其帶入第二個方程可得到 $x_2 = 3$，再將 $x_3 = 2$ 與 $x_2 = 3$ 一起帶入第一個方程得到 $x_1 = 1$. 因此，所求方程的解為 $x_1 = 1, x_2 = 3, x_3 = 2$.

通常把 ① ~ ④ 稱為**消元過程**，矩陣 ④ 是行階梯形矩陣，與之對應的方程組 ④ 稱為**行階梯形方程組**.

從上述解題過程可以看出，用消元法求解線性方程組的具體做法就是對方程組反覆實施以下三種變換：

(1) 交換某兩個方程的位置；
(2) 用一個非零數乘某個方程的兩邊；
(3) 將一個方程的倍數加到另一個方程上去.

以上這三種變換稱為**線性方程組的初等變換**. 而消元法的目的就是利用方程組的初等變換將原方程組化為階梯形方程組，顯然這個階梯形方程組與原線性方程組同解，解這個階梯形方程組得原方程組的解. 如果用矩陣表示其係數及常數項，則將原方程組化為行階梯形方程組的過程就是將對應矩陣化為行階梯形矩陣的過程.

設有線性方程組

$$\begin{cases} a_{11}x_1 + a_{12}x_2 + \cdots + a_{1n}x_n = b_1 \\ a_{21}x_1 + a_{22}x_2 + \cdots + a_{2n}x_n = b_2 \\ \cdots \\ a_{m1}x_1 + a_{m2}x_2 + \cdots + a_{mn}x_n = b_m \end{cases} \quad (3.1)$$

其矩陣形式為 $\quad Ax = b \quad$ (3.2)

其中 $\quad A = \begin{pmatrix} a_{11} & a_{12} & \cdots & a_{1n} \\ a_{21} & a_{22} & \cdots & a_{2n} \\ \vdots & \vdots & & \vdots \\ a_{m1} & a_{m2} & \cdots & a_{mn} \end{pmatrix}, x = \begin{pmatrix} x_1 \\ x_2 \\ \vdots \\ x_n \end{pmatrix}, b = \begin{pmatrix} b_1 \\ b_2 \\ \vdots \\ b_m \end{pmatrix}.$

$$\bar{A} = \begin{pmatrix} a_{11} & a_{12} & \cdots & a_{1n} & b_1 \\ a_{21} & a_{22} & \cdots & a_{2n} & b_2 \\ \vdots & \vdots & & \vdots & \vdots \\ a_{m1} & a_{m2} & \cdots & a_{mn} & b_m \end{pmatrix}$$

稱 A 為方程組的**係數矩陣**，稱 $(A \ b)$ 為線性方程組的**增廣矩陣**，記為 $\bar{A}$ 或 $(A \vdots b)$.

當 $b_i = 0 (i = 1, 2, \cdots, m)$ 時，線性方程組 (3.1) 稱為**齊次線性方程組**；否則稱為非**齊次線性方程組**. 顯然，齊次線性方程組的矩陣形式為

$$Ax = 0. \tag{3.3}$$

定理3.1 設 $A = (a_{ij})_{m \times n}$，$n$ 元齊次線性方程組 $Ax = 0$ 有非零解的充要條件是其係數陣 A 的秩 $r(A) < n$。

證明 必要性. 設方程組 $Ax = 0$ 有非零解.

設 $r(A) = n$，則在 A 中應有一個 n 階非零子式 D_n。根據克萊姆法則，D_n 所對應的 n 個方程只有零解，與假設矛盾，故 $r(A) < n$.

充分性. 設 $r(A) = s < n$，則 A 的行階梯形矩陣只含有 s 個非零行，從而知其有 $n - s$ 個自由未知量. 任取一個自由未知量為 1，其餘自由未知量 0，即可得到方程組的一個非零解.

定理3.2 設 $A = (a_{ij})_{m \times n}$，$n$ 元非齊次線性方程組 $Ax = b$ 有解的充要條件是其係數矩陣 A 的秩等於增廣矩陣 $\overline{A} = (A \ b)$ 的秩，即 $r(A) = r(\overline{A})$.

證明 必要性. 設方程組 $Ax = b$ 有解，但是 $r(A) < r(\overline{A})$，則 $\overline{A}$ 的行階梯形矩陣中最後一個非零行是矛盾方程，這與方程組有解矛盾，因此 $r(A) = r(\overline{A})$.

充分性. $r(A) = r(\overline{A}) = s (s \leq n)$，則 $\overline{A}$ 的行階梯形矩陣中含有 s 個非零行，把這 s 行的第一個非零元所對應的未知量作為非自由量，其餘 $n - s$ 個作為自由未知量，並令這 $n - s$ 個自由未知量全為零，即可得到方程組的一個解.

註：定理3.2的證明實際上給出了求解線性方程組(3.1)的方法. 此外，若記 $\overline{A} = (A \ b)$，則上述定理的結果可簡要總結如下：

(1) $r(A) = r(\overline{A}) = n$，當且僅當 $Ax = b$ 有唯一解；

(2) $r(A) = r(\overline{A}) < n$，當且僅當 $Ax = b$ 有無窮多解；

(3) $r(A) \neq r(\overline{A})$，當且僅當 $Ax = b$ 無解；

(4) $r(A) = n$，當且僅當 $Ax = 0$ 只有零解；

(5) $r(A) < n$，當且僅當 $Ax = 0$ 有非零解.

對非齊次線性方程組，將其增廣矩陣 $\overline{A}$ 化為行階梯形矩陣，便可直接判斷其是否有解，若有解，化為行最簡形矩陣，便可直接寫出其全部解. 其中要注意，當 $r(A) = r(\overline{A}) < n$ 時，A 的行階梯形矩陣中含有 s 個非零，把這 s 行的第一個非零元所對應的未知量作為非零自由量，其餘 $n - s$ 個作為自由未知量.

例2 判斷齊次線性方程組 $\begin{cases} x_1 + x_2 + x_3 + x_4 + x_5 = 0 \\ 3x_1 + 2x_2 + x_3 + x_4 - 3x_5 = 0 \\ x_2 + 2x_3 + 2x_4 + 6x_5 = 0 \\ 5x_1 + 4x_2 + 3x_3 + 3x_4 - x_5 = 0 \end{cases}$ 解的情況.

解 對係數矩陣 A 進行行初等變換，得

$$A = \begin{pmatrix} 1 & 1 & 1 & 1 & 1 \\ 3 & 2 & 1 & 1 & -3 \\ 0 & 1 & 2 & 2 & 6 \\ 5 & 4 & 3 & 3 & -1 \end{pmatrix} \xrightarrow[r_4 - 5r_1]{r_2 - 3r_1} \begin{pmatrix} 1 & 1 & 1 & 1 & 1 \\ 0 & -1 & -2 & -2 & -6 \\ 0 & 1 & 2 & 2 & 6 \\ 0 & -1 & -2 & -2 & -6 \end{pmatrix}$$

$$\xrightarrow[r_4-r_2]{r_3+r_2}\begin{pmatrix}1&1&1&1&1\\0&-1&-2&-2&-6\\0&0&0&0&0\\0&0&0&0&0\end{pmatrix}\xrightarrow{r_1+r_2}\begin{pmatrix}1&0&-1&-1&-5\\0&-1&-2&-2&6\\0&0&0&0&0\\0&0&0&0&0\end{pmatrix}$$

$$\xrightarrow{(-1)\times r_2}\begin{pmatrix}1&0&-1&-1&-5\\0&1&2&2&-6\\0&0&0&0&0\\0&0&0&0&0\end{pmatrix}$$

由於 $r(A)=2<5$,所以方程組有無窮解.

例 3 判斷下列方程組是否有解,若有解,則求出其解.

$$(1)\begin{cases}x_1+2x_2+x_3=4\\2x_1+2x_2-3x_3=9\\3x_1+9x_2+2x_3=19\end{cases};\quad(2)\begin{cases}x_1+x_2-x_3=4\\-x_1-x_2+x_3=1\\x_1-x_2+2x_3=-4\end{cases}$$

解 (1) 對增廣矩陣 A 進行行初等變換,得

$$A=\begin{pmatrix}1&2&1&4\\2&2&-3&9\\3&9&2&19\end{pmatrix}\xrightarrow[r_3-3r_1]{r_2-2r_1}\begin{pmatrix}1&2&1&4\\0&-2&-5&1\\0&3&-1&7\end{pmatrix}$$

$$\xrightarrow[r_3+\frac{3}{2}r_2]{r_1+r_2}\begin{pmatrix}1&0&-4&5\\0&-2&-5&1\\0&0&-\frac{17}{2}&\frac{17}{2}\end{pmatrix}\xrightarrow[\left(-\frac{1}{2}\right)\times r_2]{\left(-\frac{2}{17}\right)\times r_3}\begin{pmatrix}1&0&-4&5\\0&1&\frac{5}{2}&-\frac{1}{2}\\0&0&1&-1\end{pmatrix}$$

$$\xrightarrow[r_1+4r_3]{r_2-\frac{5}{2}r_3}\begin{pmatrix}1&0&0&1\\0&1&0&2\\0&0&1&-1\end{pmatrix}$$

即 $r(A)=r(\bar{A})=3$;所以方程組有解,且有唯一解:$x_1=1,x_2=2,x_3=-1$.

(2) 對增廣矩陣 A 進行行初等變換,得

$$A=\begin{pmatrix}1&1&-1&4\\-1&-1&1&1\\1&-1&2&-4\end{pmatrix}\xrightarrow[r_3-r_1]{r_2+r_1}\begin{pmatrix}1&1&-1&4\\0&0&0&5\\0&-2&3&-8\end{pmatrix}$$

$$\xrightarrow{r_2\leftrightarrow r_3}\begin{pmatrix}1&1&-1&4\\0&-2&3&-8\\0&0&0&5\end{pmatrix}$$

可見,$r(A)=2,r(\bar{A})=3$,所以方程組無解.

例4 解線性方程組 $\begin{cases} x_1 + 5x_2 - x_3 - x_4 = -1 \\ x_1 - 2x_2 + x_3 + 3x_4 = 3 \\ 3x_1 + 8x_2 - x_3 + x_4 = 1 \\ x_1 - 9x_2 + 3x_3 + 7x_4 = 7 \end{cases}$.

解 對增廣矩陣 $\bar{A}$ 進行行初等變換

$$\bar{A} = (A\ b) = \begin{pmatrix} 1 & 5 & -1 & -1 & -1 \\ 1 & -2 & 1 & 3 & 3 \\ 3 & 8 & -1 & 1 & 1 \\ 1 & -9 & 3 & 7 & 7 \end{pmatrix} \rightarrow \begin{pmatrix} 1 & 5 & -1 & -1 & -1 \\ 0 & -7 & 2 & 4 & 4 \\ 0 & -7 & 2 & 4 & 4 \\ 0 & -14 & 4 & 8 & 8 \end{pmatrix}$$

$$\rightarrow \begin{pmatrix} 1 & 5 & -1 & -1 & -1 \\ 0 & -7 & 2 & 4 & 4 \\ 0 & 0 & 0 & 0 & 0 \\ 0 & 0 & 0 & 0 & 0 \end{pmatrix} \rightarrow \begin{pmatrix} 1 & 5 & -1 & -1 & -1 \\ 0 & 1 & -2/7 & -4/7 & -4/7 \\ 0 & 0 & 0 & 0 & 0 \\ 0 & 0 & 0 & 0 & 0 \end{pmatrix}$$

因為 $r(A) = r(\bar{A}) < 4$,故方程組有無窮多解. 利用上面最後一個矩陣進行回代得到

$$\bar{A} = (A\ b) = \begin{pmatrix} 1 & 5 & -1 & -1 & -1 \\ 0 & 1 & -2/7 & -4/7 & -4/7 \\ 0 & 0 & 0 & 0 & 0 \\ 0 & 0 & 0 & 0 & 0 \end{pmatrix}$$

該矩陣對應的方程組為

$$\begin{cases} x_1 = \dfrac{13}{7} - \dfrac{3}{7}x_3 - \dfrac{13}{7}x_4 \\ x_2 = -\dfrac{4}{7} + \dfrac{2}{7}x_3 + \dfrac{4}{7}x_4 \end{cases}$$

取 $x_3 = c_1, x_4 = c_2$(其中 c_1, c_2 為任意常數),則方程組的全部解為

$$\begin{cases} x_1 = \dfrac{13}{7} - \dfrac{3}{7}c_1 - \dfrac{13}{7}c_2 \\ x_2 = -\dfrac{4}{7} + \dfrac{2}{7}c_1 + \dfrac{4}{7}c_2 \\ x_3 = c_1 \\ x_4 = c_2 \end{cases}$$

例5 討論線性方程組

$$\begin{cases} x_1 + x_2 + 2x_3 + 3x_4 = 1 \\ x_1 + 3x_2 + 6x_3 + x_4 = 3 \\ 3x_1 - x_2 - px_3 + 15x_4 = 3 \\ x_1 - 5x_2 + 10x_3 + 12x_4 = t \end{cases}$$

當 p,t 取何值時,方程組無解?有唯一解?有無窮多解?在方程組有無窮多解的情況下,求出全部解.

解 $A = \begin{pmatrix} 1 & 1 & 2 & 3 & 1 \\ 1 & 3 & 6 & 1 & 3 \\ 3 & -1 & -p & 15 & 3 \\ 1 & -5 & -10 & 12 & t \end{pmatrix} \to \begin{pmatrix} 1 & 1 & 2 & 3 & 1 \\ 0 & 2 & 4 & -2 & 2 \\ 0 & -4 & -p-6 & 6 & 0 \\ 0 & -6 & -12 & 9 & t-1 \end{pmatrix}$

$\to \begin{pmatrix} 1 & 1 & 2 & 3 & 1 \\ 0 & 1 & 2 & -1 & 1 \\ 0 & 0 & -p+2 & 2 & 4 \\ 0 & 0 & 0 & 3 & t+5 \end{pmatrix}$

(1) 當 $p \ne 2$ 時,$r(A) = r(\bar{A}) = 4$,方程組有唯一解.

(2) 當 $p = 2$ 時,有

$\bar{A} \to \begin{pmatrix} 1 & 1 & 2 & 3 & 1 \\ 0 & 1 & 2 & -1 & 1 \\ 0 & 0 & 0 & 2 & 4 \\ 0 & 0 & 0 & 3 & t+5 \end{pmatrix} \to \begin{pmatrix} 1 & 1 & 2 & 3 & 1 \\ 0 & 1 & 2 & -1 & 1 \\ 0 & 0 & 0 & 1 & 2 \\ 0 & 0 & 0 & 0 & t-1 \end{pmatrix}$

當 $t \ne 1$ 時,$r(A) = 3 < r(\bar{A}) = 4$,方程組無解;

當 $t = 1$ 時,$r(A) = r(\bar{A}) = 3$,方程組有無窮多解.

$\bar{A} \to \begin{pmatrix} 1 & 1 & 2 & 3 & 1 \\ 0 & 1 & 2 & -1 & 1 \\ 0 & 0 & 0 & 1 & 2 \\ 0 & 0 & 0 & 0 & t-1 \end{pmatrix} \to \begin{pmatrix} 1 & 1 & 2 & 3 & 1 \\ 0 & 1 & 2 & -1 & 1 \\ 0 & 0 & 0 & 1 & 2 \\ 0 & 0 & 0 & 0 & 0 \end{pmatrix} \to \begin{pmatrix} 1 & 0 & 0 & 0 & -8 \\ 0 & 1 & 2 & 0 & 3 \\ 0 & 0 & 0 & 1 & 2 \\ 0 & 0 & 0 & 0 & 0 \end{pmatrix}$ 從而

有 $\begin{cases} x_1 = -8 \\ x_2 + 2x_3 = 3 \\ x_4 = 2 \end{cases}$,令 $x_3 = c$,則原方程組的全部解為

$\begin{pmatrix} x_1 \\ x_2 \\ x_3 \\ x_4 \end{pmatrix} = c \begin{pmatrix} 0 \\ -2 \\ 1 \\ 0 \end{pmatrix} + \begin{pmatrix} -8 \\ 3 \\ 0 \\ 2 \end{pmatrix}$ (c 為任意實數).

對方程組進行初等變換,其實質是對方程組中未知量系數和常數項組成的矩陣 A 進行行初等變換化為 B,則以 B 為增廣矩陣的線性方程組與原方程組同解.

第二節　n 維向量及其線性相關性

定義3.1　n 個有次序的數 $a_1, a_2, \cdots, a_n$ 所組成的數組稱為**n 維向量**,這n 個數稱

為該向量的 n 個**分量**,第 i 個數 a_i 稱為第 i 個分量.

分量全為實數的向量稱為實向量,分量為復數的向量稱為復向量,除非特別聲明,本書一般只討論實向量.

定義 3.2 (1) $n \times 1$ 矩陣 $\begin{pmatrix} b_1 \\ b_2 \\ \vdots \\ b_n \end{pmatrix}$ 稱為**列矩陣**,也稱為**列向量**.

(2) $1 \times n$ 矩陣 $(a_1, a_2, \cdots, a_n)$ 稱作**行矩陣**,也稱為**行向量**.

行向量與列向量統稱作**向量**,有時也稱作**點**或**點的坐標**,n 維向量也叫作 n **元有序數組**.

向量一般用希臘字母 α, β, γ 等表示,而用帶有下標的拉丁字母 a_i, b_j 或 c_k 等表示向量的分量.

所有分量都是零的向量稱為**零向量**,零向量 $0 = (0, 0, 0 \cdots, 0)$.

定義 3.3 兩個 n 維向量 $\alpha = (a_1, a_2, \cdots, a_n)$ 與 $\beta = (b_1, b_2, \cdots, b_n)$ 對應的分量之和構成的向量為向量 α 與 β 的的和,記作 $\alpha + \beta$,即 $\alpha + \beta = (a_1 + b_1, a_2 + b_2, \cdots, a_n + b_n)$.

由向量 $\alpha = (a_1, a_2, \cdots, a_n)$ 各分量的相反數所構成的向量稱為 α 的負向量,記作 $-\alpha = (-a_1, -a_2, \cdots, -a_n)$.那麼由定義 3.3 可定義向量的減法,

即 $\qquad \alpha - \beta = (a_1 - b_2, a_2 - b_2, \cdots, a_n - b_n)$.

定義 3.4 設 k 為任一實數,則 k 與 n 維向量 $\alpha = (a_1, a_2, \cdots, a_n)$ 的各個分量的乘積所構成的向量,稱為數 k 與向量 α 的**乘積**,簡稱**數乘**,記作 $k\alpha$,即 $k\alpha = (ka_1, ka_2, \cdots, ka_n)$.

向量的加法及數乘運算統稱為向量的線性運算,它們滿足下列的運算性質:(下列各式中 α, β, γ 為 n 維向量,k, l 表示數)

(1) $\alpha + \beta = \beta + \alpha$;

(2) $(\alpha + \beta) + \gamma = \alpha + (\beta + \gamma)$;

(3) $\alpha + 0 = \alpha$;

(4) $\alpha + (-\alpha) = 0$;

(5) $1 \times \alpha = \alpha$;

(6) $k(\alpha + \beta) = k\alpha + k\beta$;

(7) $(k + l)\alpha = k\alpha + l\alpha$;

(8) $k(l\alpha) = (kl)\alpha$.

例 1 設 $\alpha = (-1, 4, 0, -2), \beta = (-3, -1, 2, 5)$,求滿足 $3\alpha - 2\beta + \gamma = 0$ 的向量 γ.

解 由已知條件 $3\alpha - 2\beta + \gamma = 0$ 可得

$\gamma = 2\beta - 3\alpha$

$$= 2(-3,-1,2,5) - 3(-1,4,0,-2)$$
$$= (-3,-14,4,16).$$

例2 某證券公司兩天的交易量(單位:億元)按股票、基金、債券的順序用向量表示為第一天 $\alpha_1 = (3,1,0,5)$，第二天 $\alpha_2 = (5,2,0,5)$，則兩天各券種成交量的和為
$$\alpha_1 + \alpha_2 = (3,1,0,5) + (5,2,0,5)$$
$$= (8,3,0,10)$$

第三節　向量組的線性相關性

一、線性相關性概念

為了研究向量與向量之間的關係，先給出向量組的概念.

若干個同維數的列向量(或同維數的行向量)所組成的集合稱為向量組.

定義3.5 對於 n 維向量 β 及向量組 $\alpha_1, \alpha_2, \cdots, \alpha_m$，如果存在一組數 $k_1, k_2, \cdots, k_m$，使得 $\beta = k_1\alpha_1 + k_2\alpha_2 + \cdots + k_m\alpha_m$ 成立，則稱向量 β 是向量組 $\alpha_1, \alpha_2, \cdots, \alpha_m$ 的一個**線性組合**，或稱向量 β 可以由向量組 $\alpha_1, \alpha_2, \cdots, \alpha_m$ **線性表示**，同時稱 $k_1, k_2, \cdots, k_m$ 為這個**線性組合的係數**.

例1 設向量 $\alpha_1 = (1,0,0), \alpha_2 = (0,1,1), \alpha_3 = (2,5,5)$，很顯然有 $\alpha_3 = 2\alpha_1 + 5\alpha_2$，這時我們稱向量 α_3 是向量 α_1, α_2 的線性組合.

例2 零向量可由任一組向量 $\alpha_1, \alpha_2, \cdots, \alpha_m$ 線性表示，因為 $0 = 0\alpha_1 + 0\alpha_2 + \cdots + 0\alpha_m$.

例3 單位矩陣 E_n 的 n 個列被稱為 n 維單位向量，記為 $E_n = (e_1, e_2, \cdots, e_n)$，

其中 $e_1 = \begin{pmatrix} 1 \\ 0 \\ 0 \\ \vdots \\ 0 \end{pmatrix}, e_2 = \begin{pmatrix} 0 \\ 1 \\ 0 \\ \vdots \\ 0 \end{pmatrix}, \cdots, e_n = \begin{pmatrix} 0 \\ 0 \\ 0 \\ \vdots \\ 1 \end{pmatrix}$.

顯然任一 n 維向量 α 都可以由 n 維單位向量線性表示. 若 $\alpha = \begin{pmatrix} a_1 \\ a_2 \\ \vdots \\ a_n \end{pmatrix}$，則有

$$\alpha = a_1 e_1 + a_2 e_2 + \cdots + a_n e_n.$$

定義3.6 對於 n 維向量組 $\alpha_1, \alpha_2, \cdots, \alpha_m$，若存在一組不全為零的實數 $k_1, k_2, \cdots, k_m$ 使得 $k_1\alpha_1 + k_2\alpha_2 + \cdots + k_m\alpha_m = 0$，則稱向量組 $\alpha_1, \alpha_2, \cdots, \alpha_m$ **線性相關**，否則稱向量組 $\alpha_1, \alpha_2, \cdots, \alpha_m$ **線性無關**.

即:當且僅當 $k_1 = k_2 = \cdots = k_m = 0$ 時,$k_1\alpha_1 + k_2\alpha_2 + \cdots + k_m\alpha_m = 0$ 才成立,則稱向量組 $\alpha_1, \alpha_2, \cdots, \alpha_m$ **線性無關**.

例4 判斷向量組 $\alpha_1 = \begin{pmatrix} 1 \\ -2 \\ 3 \end{pmatrix}, \alpha_2 = \begin{pmatrix} 2 \\ 1 \\ 0 \end{pmatrix}, \alpha_3 = \begin{pmatrix} 1 \\ -7 \\ 9 \end{pmatrix}$ 的線性相關性.

解 設存在一組實數 k_1, k_2, k_3 使得 $k_1\alpha_1 + k_2\alpha_2 + k_3\alpha_3 = 0$,將向量代入,得到方程組

$$\begin{cases} k_1 + 2k_2 + k_3 = 0 \\ -2k_1 + k_2 - 7k_3 = 0 \\ 3k_1 + 0k_2 + 9k_3 = 0 \end{cases}$$

其一般解為 $\begin{cases} k_1 = -3k_3 \\ k_2 = k_3 \end{cases}$ (k_3 為自由未知量).

令 $k_3 = 1$,得到一組解為 $k_1 = -3, k_2 = 1, k_3 = 1$,所以有 $-3\alpha_1 + \alpha_2 + \alpha_3 = 0$ 即 $\alpha_1, \alpha_2, \alpha_3$ 線性相關.

例5 對於向量組 $\alpha_1 = \begin{pmatrix} 1 \\ 0 \\ 0 \end{pmatrix}, \alpha_2 = \begin{pmatrix} 1 \\ 1 \\ 0 \end{pmatrix}, \alpha_3 = \begin{pmatrix} 1 \\ 1 \\ 1 \end{pmatrix}$,顯然只有組合系數全為 0 時,才有 $0\alpha_1 + 0\alpha_2 + 0\alpha_3 = 0$ 成立,因而向量組 $\alpha_1, \alpha_2, \alpha_3$ 線性無關.

由此可得判斷向量組 $\alpha_1, \alpha_2, \cdots, \alpha_\gamma$ 線性關係的一般步驟:

(1) 設 $k_1\alpha_1 + k_2\alpha_2 + \cdots + k_\gamma\alpha_\gamma = 0$

(2) 若能找到不全為零的 $k_1, k_2, \cdots, k_\gamma$,使 $k_1\alpha_1 + k_2\alpha_2 + \cdots + k_\gamma\alpha_\gamma = 0$ 成立,則 $\alpha_1, \alpha_2, \cdots, \alpha_\gamma$ 線性相關.若由(1)只能推出 $k_1 = k_2 = \cdots = k_\gamma = 0$,則 $\alpha_1, \alpha_2, \cdots, \alpha_\gamma$ 線性無關.

更一般地,要判斷 R^n 中向量組

$\alpha_1 = (\alpha_{11}, \alpha_{12}, \cdots, \alpha_{1n})$

$\alpha_2 = (\alpha_{21}, \alpha_{22}, \cdots, \alpha_{2n})$

$\vdots$

$\alpha_\gamma = (\alpha_{\gamma 1}, \alpha_{\gamma 2}, \cdots, \alpha_{\gamma n})$

是否線性相關,只要判斷齊次線性方程組

$$\begin{cases} \alpha_{11}x_1 + \alpha_{21}x_2 + \cdots + \alpha_{\gamma 1}x_\gamma = 0 \\ \alpha_{12}x_1 + \alpha_{22}x_2 + \cdots + \alpha_{\gamma 2}x_\gamma = 0 \\ \vdots \\ \alpha_{1n}x_1 + \alpha_{2n}x_2 + \cdots + \alpha_{\gamma n}x_\gamma = 0 \end{cases}$$

是否有非零解.

若有非零解,則 $\alpha_1, \alpha_2, \cdots, \alpha_\gamma$ 線性相關;

若只有零解,則 $\alpha_1, \alpha_2, \cdots, \alpha_\gamma$ 線性無關.

二、線性相關的性質

性質 1　向量組 $\alpha_1, \alpha_2, \cdots, \alpha_\gamma$ 中每一向量 α_i 都可以由這一組向量線性表示.

性質 2　如果向量 γ 可由向量組 $\alpha_1, \alpha_2, \cdots, \alpha_\gamma$ 線性表示,而每一個向量 α_i 又可由向量組 $\beta_1, \beta_2, \cdots, \beta_s$ 線性表示,則 γ 可由向量組 $\beta_1, \beta_2, \cdots, \beta_s$ 線性表示.

性質 3　如果向量組 $\alpha_1, \alpha_2, \cdots, \alpha_\gamma$ 線性無關,則它的任一部分向量組也線性無關.

性質 4　設 $\alpha_1, \alpha_2, \cdots, \alpha_\gamma$ 線性無關,而 $\alpha_1, \alpha_2, \cdots, \alpha_\gamma, \beta$ 線性相關,則 β 一定可由 $\alpha_1, \alpha_2, \cdots, \alpha_\gamma$ 線性表示,且表達式唯一.

性質 5　線性無關向量組 $\alpha_1, \alpha_2, \cdots, \alpha_\gamma$ 的同位延長向量組也線性無關.

證明　設 $\alpha_1 = (a_{11}, a_{12}, \cdots, a_{1t}), \alpha_2 = (a_{21}, a_{22}, \cdots, a_{2t}), \cdots, \alpha_\gamma = (a_{\gamma 1}, a_{\gamma 2}, \cdots, a_{\gamma t})$ 線性無關,其延長向量組為:

$\bar{\alpha}_1 = (a_{11}, a_{12}, \cdots, a_{1t}, a_{1,t+1}, \cdots, a_{1n})$,

$\bar{\alpha}_2 = (a_{21}, a_{22}, \cdots, a_{2t}, a_{2,t+1}, \cdots, a_{2n})$,

$\cdots$

$\bar{\alpha}_\gamma = (a_{\gamma 1}, a_{\gamma 2}, \cdots, a_{\gamma t}, a_{\gamma, t+1}, \cdots, a_{\gamma n})$.

設 $k_1 \bar{\alpha}_1 + k_2 \bar{\alpha}_2 + \cdots + k_\gamma \bar{\alpha}_\gamma = 0$

則 $k_1 \alpha_1 + k_2 \alpha_2 + \cdots + k_\gamma \alpha_\gamma = 0$

因為 $\alpha_1, \alpha_2, \cdots, \alpha_\gamma$ 線性無關,所以 $k_1 = k_2 = \cdots = k_\gamma = 0$,

故 $\bar{\alpha}_1, \bar{\alpha}_2, \cdots, \bar{\alpha}_\gamma$ 線性無關.

性質 6　線性相關向量組 $\alpha_1, \alpha_2, \cdots, \alpha_\gamma$ 的同位截短向量組也線性相關.

註：　若向量組 $\alpha_1, \alpha_2, \cdots, \alpha_\gamma$ 中每個向量都能由 $\beta_1, \beta_2, \cdots, \beta_s$ 線性表示,則稱向量組 $\alpha_1, \alpha_2, \cdots, \alpha_\gamma$ 能由向量組 $\beta_1, \beta_2, \cdots, \beta_s$ 線性表示. 如果兩個向量組能夠互相線性表示,則稱這兩個向量組等價.

例 7　向量組 $\alpha_1 = (1, 0, 2), \alpha_2 = (1, 2, 3)$ 與向量組 $\beta_1 = (0, 2, 1), \beta_2 = (3, 4, 8), \beta_3 = (2, 2, 5)$ 是否等價?

解　因為 $\alpha_1 = 2\beta_3 - \beta_2, \alpha_2 = \beta_2 - \beta_3$,而

$\beta_1 = \alpha_2 - \alpha_1, \beta_2 = 2\alpha_2 + \alpha_1, \beta_3 = \alpha_1 + \alpha_2$

所以 α_1, α_2 與 $\beta_1, \beta_2, \beta_3$ 等價.

向量組的等價滿足以下兩個性質:

(1) 反身性:任何向量組均與自己等價.

(2) 對稱性:$\alpha_1, \alpha_2, \cdots, \alpha_\gamma$ 與 $\beta_1, \beta_2, \cdots, \beta_s$ 等價,則 $\beta_1, \beta_2, \cdots, \beta_s$ 也與 $\alpha_1, \alpha_2, \cdots, \alpha_\gamma$ 等價.

定理 3.3　由 m 個 n 維向量 $\alpha_1, \alpha_2, \cdots, \alpha_m$ 所構成的向量組線性相關的充要條件是 $\alpha_1, \alpha_2, \cdots, \alpha_m$ 構成的 $(n \times m)$ 階矩陣 A 的秩 $r(A) < m$.

證明略.

由定理 3.3 可知,若 $r(A) = m$,則該向量組 $\alpha_1, \alpha_2, \cdots, \alpha_m$ 線性無關.

另外,關於向量組的線性相關性還有以下重要結論:

(1) 如果向量組 $\alpha_1, \alpha_2, \cdots, \alpha_m$ 線性無關,那麼它的任一部分向量組也線性無關.

(2) 如果向量組 $\alpha_1, \alpha_2, \cdots, \alpha_m$ 中有一部分線性相關,那麼整個向量組也線性相關.

(3) 如果一個向量組所含向量個數大於向量的維數,那麼這個向量組一定線性相關.

即,當 $m > n$ 時,m 個 n 維向量相關. 因為對這 m 個 n 維向量所構成的矩陣 $A = A_{n \times m}$,有 $r(A) \leq n < m$,由定理 3.3 可知,這 m 個 n 維向量線性相關.

(4) 含零向量的向量組線性相關.

例8 根據 a 的取值,判斷 $\alpha_1 = \begin{pmatrix} 1 \\ 2 \\ 3 \end{pmatrix}, \alpha_2 = \begin{pmatrix} 1 \\ -2 \\ 4 \end{pmatrix}, \alpha_3 = \begin{pmatrix} 1 \\ 10 \\ a \end{pmatrix}$ 的線性相關性.

解 設矩陣 $A = (\alpha_1, \alpha_2, \alpha_3)$,對 A 進行初等變換,得

$$A = \begin{pmatrix} 1 & 1 & 1 \\ 2 & -2 & 10 \\ 3 & 4 & a \end{pmatrix} \xrightarrow[r_3 + (-3)r_1]{r_2 + (-2)r_1} \begin{pmatrix} 1 & 1 & 1 \\ 0 & -4 & 8 \\ 0 & 1 & a-3 \end{pmatrix}$$

$$\xrightarrow{r_2 + 4r_3} \begin{pmatrix} 1 & 1 & 1 \\ 0 & 0 & 4a-4 \\ 0 & 1 & a-3 \end{pmatrix} \xrightarrow{r_2 \leftrightarrow r_3} \begin{pmatrix} 1 & 1 & 1 \\ 0 & 1 & a-3 \\ 0 & 0 & 4a-4 \end{pmatrix}$$

顯然,當 $a = 1$ 時,$r(A) = 2 < 3$ 向量組線性相關,當 $a \neq 1$ 時,$r(A) = 3$ 向量組線性無關.

第四節 向量組的秩

一、極大無關組

一個向量組所含向量的個數可能很多或為無窮,在研究一個向量組時,我們不一定對向量組中的每一個向量都進行研究,為此我們引入極大無關組的定義.

定義3.7 設一組向量中(其中可能為有限個向量,也可能有無窮多個向量),如果存在一組向量 $\alpha_1, \alpha_2, \cdots, \alpha_\gamma$ 滿足以下條件:

(1) $\alpha_1, \alpha_2, \cdots, \alpha_\gamma$ 線性無關;

(2) 向量組中的每一向量都可由 $\alpha_1, \alpha_2, \cdots, \alpha_\gamma$ 線性表示.

則稱 $\alpha_1, \alpha_2, \cdots, \alpha_\gamma$ 為原向量組的一個**極大線性無關組**,簡稱**極大無關組**.

根據定義 3.7,我們可以得到下面的結論:(設向量組 A 由向量 $\alpha_1, \alpha_2, \cdots, \alpha_m$ 構成)

（1）如果 $\alpha_1, \alpha_2, \cdots, \alpha_\gamma$ 是向量組 A 的一個極大無關組，那麼 A 中任意 $\gamma + 1$ 個向量都線性相關；

（2）如果 $\alpha_1, \alpha_2, \cdots, \alpha_m$ 本身線性無關，則它就是 A 的一個極大無關組；

（3）極大無關組往往不是唯一的，但每個極大無關組中所含向量個數是相等的；

（4）只含零向量的向量組沒有極大無關組。

n 維單位向量組 $e_1 = \begin{pmatrix} 1 \\ 0 \\ 0 \\ \vdots \\ 0 \end{pmatrix}, e_2 = \begin{pmatrix} 0 \\ 1 \\ 0 \\ \vdots \\ 0 \end{pmatrix}, \cdots, e_n = \begin{pmatrix} 0 \\ 0 \\ \vdots \\ 0 \\ 1 \end{pmatrix}$，是全體 n 維向量構成的向量組的一個極大無關組。

例1 求向量組 $\alpha_1 = \begin{pmatrix} 1 \\ -2 \\ 3 \end{pmatrix}, \alpha_2 = \begin{pmatrix} 2 \\ 1 \\ 0 \end{pmatrix}, \alpha_3 = \begin{pmatrix} 1 \\ -7 \\ 9 \end{pmatrix}$ 的極大無關組。

解 容易證明 α_1 和 α_2 是線性無關的。又 $\alpha_3 = 3\alpha_1 - \alpha_2, \alpha_2 = 0\alpha_1 + \alpha_2, \alpha_1 = \alpha_1 + 0\alpha_2$，即 $\alpha_1, \alpha_2, \alpha_3$ 中任何一個向量都可以由 α_1 和 α_2 線性表示，故 α_1, α_2 是該向量組的一個極大無關組。

定義3.8 設有兩個向量組：$A: \alpha_1, \alpha_2, \cdots, \alpha_m, \beta: \beta_1, \beta_2, \cdots, \beta_n$，如果向量組 A 中的每個向量都能夠由向量組 B 線性表示，則稱向量組 A 能夠由向量組 B **線性表示**；如果向量組 A 和 B 能夠相互線性表示，則稱**兩向量組等價**。

由定義3.8可知，向量組和它的極大無關組是等價的，一個向量組的所有極大無關組也是相互等價的。

定義3.9 向量組 $\alpha_1, \alpha_2, \cdots, \alpha_m$ 的極大無關組所含向量的個數稱為這個**向量組的秩**，記作 $\gamma(\alpha_1, \alpha_2, \cdots, \alpha_m)$。

例2 求向量組 $\alpha_1 = (0,0,1), \alpha_2 = (0,1,0), \alpha_3 = (0,1,3), \alpha_4 = (1,3,2)$ 的秩。

解 可以採用添加法來求向量組的一個極大無關組，顯然 α_1, α_2 線性無關，而 α_3 可由 α_1, α_2 線性表示，所以不能再添加 α_3，但 α_4 不能由 α_1, α_2 線性表示，所以向量組 $\alpha_1, \alpha_2, \alpha_3, \alpha_4$ 的秩為3。

二、矩陣的秩

前面定義了向量組的秩，如果把矩陣的每一行看成一個向量，那麼矩陣就是由這些行向量組成的。同樣，如果把矩陣的每一列看成一個向量，則矩陣也可以看作是由這些列向量組成的。

定義3.10 矩陣的行向量所組成的行向量組的秩叫作**行秩**。矩陣的列向量所組成的列向量組的秩叫作**列秩**。

例3 求矩陣 $A = \begin{pmatrix} 1 & 2 & 1 & 2 \\ 0 & 2 & 3 & 2 \\ 0 & 0 & 2 & 4 \\ 0 & 0 & 1 & 2 \end{pmatrix}$ 的行秩和列秩.

解 A 的行向量組是 $\alpha_1 = (1,2,1,2), \alpha_2 = (0,2,3,2), \alpha_3 = (0,0,2,4), \alpha_4 = (0,0,1,2)$,其極大無關組是 $\alpha_1, \alpha_2, \alpha_3$,故 A 的行秩為 3.

A 的列向量組是 $\beta_1 = (1,0,0,0), \beta_2 = (2,2,0,0), \beta_3 = (1,3,2,1), \beta_4 = (2,2,4,2)$,其極大無關組為 $\beta_1, \beta_2, \beta_3$,故 A 的列秩也是 3.

矩陣 A 的行秩是否等於列秩?為瞭解決這個問題,先把矩陣的行秩與齊次線性方程組的解聯繫起來.

定理3.4 矩陣 A 的行秩等於其列秩,也等於其行秩.

例4 設矩陣

$$A = \begin{pmatrix} 1 & 1 & -2 & 1 & 4 \\ 2 & -1 & -1 & 1 & 2 \\ 2 & -3 & 1 & -1 & 2 \\ 3 & 6 & -9 & 7 & 9 \end{pmatrix}$$

求矩陣 A 的秩和 A 的列向量組 $\alpha_1, \alpha_2, \alpha_3, \alpha_4, \alpha_5$ 的一個極大無關組,並把不屬於極大無關組的列向量用極大無關組線性表示.

解 對 A 施行初等行變換化為行階梯形矩陣.

$$A = \begin{pmatrix} 1 & 1 & -2 & 1 & 4 \\ 2 & -1 & -1 & 1 & 2 \\ 2 & -3 & 1 & -1 & 2 \\ 3 & 6 & -9 & 7 & 9 \end{pmatrix} \xrightarrow[-2r_1+r_3]{\substack{-r_1+r_2 \\ -3r_1+r_4}} \begin{pmatrix} 1 & 1 & -2 & 1 & 4 \\ 0 & 2 & -2 & 2 & 0 \\ 0 & -5 & 5 & -3 & -6 \\ 0 & 3 & -3 & 4 & -3 \end{pmatrix}$$

$$\xrightarrow[\substack{5r_2+r_3 \\ -3r_2+r_4}]{r_2 \times \frac{1}{2}} \begin{pmatrix} 1 & 1 & -2 & 1 & 4 \\ 0 & 1 & -1 & 1 & 0 \\ 0 & 0 & 0 & 2 & -6 \\ 0 & 0 & 0 & 1 & -3 \end{pmatrix} \xrightarrow[-r_3+r_4]{r_3 \times \frac{1}{2}} \begin{pmatrix} 1 & 1 & -2 & 1 & 4 \\ 0 & 1 & -1 & 1 & 0 \\ 0 & 0 & 0 & 1 & -3 \\ 0 & 0 & 0 & 0 & 0 \end{pmatrix} = A_1$$

顯然 $r(A) = 3$,故 A 的列向量組的極大無關組含 3 個列向量,易見上面行階梯矩陣中非零元在 1, 2, 4 列上,由此可得一個 3 階非零子式

$$D = \begin{vmatrix} 1 & 1 & 1 \\ 0 & 1 & 1 \\ 0 & 0 & 1 \end{vmatrix},$$

所以在 A 的第 1, 2, 4 列中必存在一個 3 階非零子式,從而 $\alpha_1, \alpha_2, \alpha_4$ 是 A 的一個極大無關組.

為了把 α_3, α_5 用 $\alpha_1, \alpha_2, \alpha_4$ 線性表示,再把 A_1 劃成最簡形矩陣:

$$A_1 \xrightarrow[-r_3+r_2]{-r_2+r_1} \begin{pmatrix} 1 & 0 & -1 & 0 & 4 \\ 0 & 1 & -1 & 0 & 3 \\ 0 & 0 & 0 & 1 & -3 \\ 0 & 0 & 0 & 0 & 0 \end{pmatrix}$$

即得

$\alpha_3 = -\alpha_1 - \alpha_2$,

$\alpha_5 = 4\alpha_1 + 3\alpha_2 - 3\alpha_4$

（請讀者思考這是什麼？）

建立了矩陣行秩和列秩與矩陣秩的關係,我們可以方便地用向量組的秩的結論討論矩陣秩的有關性質.

性質1 設 A,B 均為 $m \times n$ 矩陣,則

$R(A+B) \leqslant R(A) + R(B)$

證明 設 $R(A) = r, R(B) = s$, 將 A,B 按列分塊,記為

$A = (\alpha_1, \alpha_2, \cdots, \alpha_n), B = (b_1, b_2, \cdots, b_n),$

$A + B = (\alpha_1 + b_1, \alpha_2 + b_2, \cdots, a_n + b_n).$ 不妨設 A,B 的列向量的最大無關組分別為 $\alpha_1, \alpha_2, \cdots, \alpha_\gamma$ 和 $b_1, b_2, \cdots, b_s$. 由於向量組和它的極大無關組等價,所以 $A+B$ 的列向量組可由向量組 $\alpha_1, \alpha_2, \cdots, \alpha_\gamma, b_1, b_2, \cdots, b_s$ 線性表示,因此

$R(A+B) = (A+B)$ 的列秩 $\leqslant R(\alpha_1, \alpha_2, \cdots, \alpha_\gamma, b_1, b_2, \cdots, b_s) \leqslant r + s$

性質2 設 $C = AB$ 則 $R(C) \leqslant min\{R(A), R(B)\}$.

證明 設 A,B 分別為 $m \times s, s \times n$ 的矩陣,將 C 和 A 用列向量表示為

$C = (c_1, c_2, \cdots, c_n), A = (\alpha_1, \alpha_2, \cdots, \alpha_s)$

而 $B = (b_{ij})$, 由

$$C = (c_1, c_2, \cdots, c_n) = (\alpha_1, \alpha_2, \cdots, \alpha_s) \begin{pmatrix} b_{11} & \cdots & b_{12} \\ \vdots & & \vdots \\ b_{s1} & \cdots & b_{sn} \end{pmatrix}$$

知 $C = AB$ 的列向量組能由 A 的列向量組線性表示.因此 $R(C) \leqslant R(A)$.

由 $C^T = B^T A^T$ 可知 $R(C^T) \leqslant R(B^T)$, 即 $R(C) \leqslant R(B)$, 從而 $R(C) \leqslant min\{R(A), R(B)\}$.

性質3 設 A 是 $m \times n$ 矩陣, P, Q 分別是 m 階、n 階可逆矩陣,則

$R(A) = R(PA) = R(AQ) = R(PAQ)$.

證明 由於可逆矩陣可以表示成若干個初等矩陣乘積,根據以上兩個定理可知結論成立.

矩陣的秩等於其列向量組的秩,也等於其行向量組的秩. 所以,在求向量組的極大無關組與秩時,可將其按行(列)排成矩陣的形式,然後對這個矩陣進行初等變換,將其變為階梯形矩陣後,非零行的行數即為向量組的秩,而非零行所對應的向量組即為該向量組的一個極大無關組.

第五節　線性方程組解的結構

一、齊次線性方程組解的結構

齊次線性方程組
$$\begin{cases} a_{11}x_1 + a_{12}x_2 + \cdots + a_{1n}x_n = 0 \\ a_{21}x_1 + a_{22}x_2 + \cdots + a_{2n}x_n = 0 \\ \quad\vdots \\ a_{m1}x_1 + a_{m2}x_2 + \cdots + a_{mn}x_n = 0 \end{cases} \quad (3.4)$$

也可以寫成 $AX = 0$，方程組的任一個解 $X = \begin{pmatrix} x_1 \\ x_2 \\ \vdots \\ x_n \end{pmatrix}$ 稱為它的一個解向量.

容易證明，齊次線性方程組的解向量具有下列性質：

性質1　如果 η_1, η_2 是方程組(3.4)的兩個解向量，那麼 $\eta_1 + \eta_2$ 也是方程組(3.4)的解向量.

證明　因為 $A\eta_1 = 0, A\eta_2 = 0, A(\eta_1 + \eta_2) = A\eta_1 + A\eta_2 = 0$，所以，$\eta_1 + \eta_2$ 也是方程組(3.4)的解向量.

性質2　如果 η 是方程組(3.4)的解向量，c 為任意常數，那麼 $c\eta$ 也是方程組(3.4)的解向量.

證明　因為 $A\eta = 0, A(c\eta) = c(A\eta) = c0 = 0$，所以，$c\eta$ 也是方程組(3.4)的解向量.

定義3.11　若 $\eta_1, \eta_2, \cdots, \eta_s$ 為齊次線性方程組的(3.4)的一組解向量，且滿足：
(1) $\eta_1, \eta_2, \cdots, \eta_s$ 線性無關；
(2) 方程組(3.4)的任一解向量都可以由 $\eta_1, \eta_2, \cdots, \eta_s$ 線性表示.
則稱 $\eta_1, \eta_2, \cdots, \eta_s$ 為方程組的一個**基礎解系**.

由定義可知，齊次線性方程組的基礎解系即為該方程組的解向量組的一個極大無關組. 我們只要找到了方程組(3.4)的基礎解系，那麼方程組(3.4)的任意一個解向量 η 都可以由基礎解系線性表示，即 $\eta = c_1\eta_1 + c_2\eta_2 + \cdots + c_s\eta_s$，其中 $c_1, c_2, \cdots, c_s$ 為任意常數.

它也稱為齊次線性方程組(3.4)的**通解**(**一般解**).

例1　求齊次線性方程組 $\begin{cases} x_1 + x_2 + x_3 + x_4 + x_5 = 0 \\ 3x_1 + 2x_2 + x_3 + x_4 - 3x_5 = 0 \\ x_2 + 2x_3 + 2x_4 + 6x_5 = 0 \\ 5x_1 + 4x_2 + 3x_3 + 3x_4 - x_5 = 0 \end{cases}$ 的基礎解系與通解.

解 根據例1的對系數矩陣初等變換得到結果：

$r(A) = 2 < 5$，得知方程組有無窮解，它的同解方程組為 $\begin{cases} x_1 - x_3 - x_4 - 5x_5 = 0 \\ x_2 + 2x_3 + 2x_4 + 6x_5 = 0 \end{cases}$,

即 $\begin{cases} x_1 = x_3 + x_4 + 5x_5 \\ x_2 = -2x_3 - 2x_4 - 6x_5 \end{cases}$.

對自由未知量 $\begin{pmatrix} x_3 \\ x_4 \\ x_5 \end{pmatrix}$ 分別取值 $\begin{pmatrix} 1 \\ 0 \\ 0 \end{pmatrix}, \begin{pmatrix} 0 \\ 1 \\ 0 \end{pmatrix}, \begin{pmatrix} 0 \\ 0 \\ 1 \end{pmatrix}$，得基礎解系為

$$\eta_1 = \begin{pmatrix} 1 \\ -2 \\ 1 \\ 0 \\ 0 \end{pmatrix}, \eta_2 = \begin{pmatrix} 1 \\ -2 \\ 0 \\ 1 \\ 0 \end{pmatrix}, \eta_3 = \begin{pmatrix} 5 \\ -6 \\ 0 \\ 0 \\ 1 \end{pmatrix}$$

所以方程組的通解為 $\eta = c_1\eta_1 + c_2\eta_2 + c_3\eta_3$

即 $\eta = c_1 \begin{pmatrix} 1 \\ -2 \\ 1 \\ 0 \\ 0 \end{pmatrix} + c_2 \begin{pmatrix} 1 \\ -2 \\ 0 \\ 1 \\ 0 \end{pmatrix} + c_3 \begin{pmatrix} 5 \\ -6 \\ 0 \\ 0 \\ 1 \end{pmatrix}$ (c_1, c_2, c_3 為任意常數）

二、非齊次線性方程組解的結構

方程組(3.1)也可以寫成 $AX = b$，當 $b = \begin{pmatrix} b_1 \\ b_2 \\ \vdots \\ b_m \end{pmatrix} \neq 0$ 時，即為非齊次線性方程組.

若 $b = 0$，則齊次線性方程組 $AX = 0$，我們稱 $AX = 0$ 為 $AX = b$ 的導出方程組.

方程組 $AX = 0$ 與 $AX = b$ 的解之間有如下關係：

性質3 如果 η_1, η_2 是方程組 $AX = b$ 的兩個解，那麼 $\eta_1 - \eta_2$ 是其導出組 $AX = 0$ 的解.

性質4 如果 γ 是方程組 $AX = b$ 的一個解，而 η 是其導出組 $AX = 0$ 的一個解，則 $\gamma + \eta$ 是方程組 $AX = b$ 的一個解.

定理3.5 設非齊次線性方程組 $AX = b$ 的一個解為 γ_0（特解），其導出組 $AX = 0$ 的全部解（通解）$\eta = c_1\eta_1 + c_2\eta_2 + \cdots + c_s\eta_s$，其中 $\eta_1, \eta_2, \cdots, \eta_s$ 為方程組 $AX = 0$ 的一個基礎解系. 則 $AX = b$ 的全部解為 $\gamma = \gamma_0 + \eta = \gamma_0 + c_1\eta_1 + c_2\eta_2 + \cdots + c_s\eta_s$. （證明請

讀者自己完成)

例4 解線性方程組 $\begin{cases} x_1 - x_2 - x_3 + x_4 = 0, \\ x_1 - x_2 - 2x_3 + 3x_4 = -1 \\ x_1 - x_2 + x_3 - 3x_4 = 2 \end{cases}$.

解 對增廣矩陣 $\overline{A}$ 進行行初等變換:

$$\overline{A} = \begin{pmatrix} 1 & -1 & -1 & 1 & 0 \\ 1 & -1 & -2 & 3 & -1 \\ 1 & -1 & 1 & -3 & 2 \end{pmatrix} \xrightarrow[r_3 - r_1]{r_2 - r_1} \begin{pmatrix} 1 & -1 & -1 & 1 & 0 \\ 0 & 0 & -1 & 2 & -1 \\ 0 & 0 & 2 & -4 & 2 \end{pmatrix}$$

$$\xrightarrow[r_1 - r_2]{r_3 + 2r_2} \begin{pmatrix} 1 & -1 & 0 & -1 & 1 \\ 0 & 0 & -1 & 2 & -1 \\ 0 & 0 & 0 & 0 & 0 \end{pmatrix} \xrightarrow{(-1) \times r_2} \begin{pmatrix} 1 & -1 & 0 & -1 & 1 \\ 0 & 0 & 1 & -2 & 1 \\ 0 & 0 & 0 & 0 & 0 \end{pmatrix}$$

可以看出 $r(A) = r(\overline{A}) = 2 < 4$,所以方程組有無窮多解.

方程組的同解方程組為 $\begin{cases} x_1 - x_2 - x_4 = 1 \\ x_3 - 2x_4 = 1 \end{cases}$,

即 $\begin{cases} x_1 = 1 + x_2 + x_4 \\ x_3 = 1 + 2x_4 \end{cases}$,其中 x_2, x_4 為自由未知量.

令 $x_2 = x_4 = 0$ 得方程組的一個特解 $\gamma_0 = \begin{pmatrix} 1 \\ 0 \\ 1 \\ 0 \end{pmatrix}$

由原方程組不難得到它的導出組的同解方程組為 $\begin{cases} x_1 - x_2 - x_4 = 0 \\ x_3 - 2x_4 = 0 \end{cases}$,

即 $\begin{cases} x_1 = x_2 + x_4 \\ x_3 = 2x_4 \end{cases}$

對 $\begin{pmatrix} x_2 \\ x_4 \end{pmatrix}$ 分別取 $\begin{pmatrix} 1 \\ 0 \end{pmatrix}, \begin{pmatrix} 0 \\ 1 \end{pmatrix}$,得導出組的基礎解系為:

$\eta_1 = \begin{pmatrix} 1 \\ 1 \\ 0 \\ 0 \end{pmatrix}, \eta_2 = \begin{pmatrix} 1 \\ 0 \\ 2 \\ 1 \end{pmatrix}$,

所以原方程組的通解為:

$$\gamma = \gamma_0 + c_1 \eta_1 + c_2 \eta_2 = \begin{pmatrix} 1 \\ 0 \\ 1 \\ 0 \end{pmatrix} + c_1 \begin{pmatrix} 1 \\ 1 \\ 0 \\ 0 \end{pmatrix} + c_2 \begin{pmatrix} 1 \\ 0 \\ 2 \\ 1 \end{pmatrix} = \begin{pmatrix} 1 + c_1 + c_2 \\ c_1 \\ 1 + 2c_2 \\ c_2 \end{pmatrix}, (c_1, c_2 \text{為任意常數}).$$

第六節　　線性方程組的應用

一、投入產出模型

投入產出分析是諾貝爾經濟學獎獲得者列昂杰夫($W.Leontief$)在20世紀30年代首先提出的一種經濟計量分析方法,早期主要是用來研究美國的經濟結構和宏觀經濟活動.聯合國於1968年開始推薦這一分析方法,並把投入產出核算作為新的國民經濟核算體系的一個組成部分.經過各國學者60多年的研究和發展,投入產出分析的理論與方法已日趨成熟,並已在100多個國家得到了推廣和應用,成為研究宏觀經濟活動、進行經濟預測和政策分析、研究制定社會經濟發展規劃的基本工具.

下面通過一個例題進行簡單介紹.

例1　某地區有三個重要企業,一個煤礦、一個發電廠和一條地方鐵路.開採一元錢的煤,煤礦要支付0.25元的電費及0.25元的運輸費.生產一元錢的電力,發電廠要支付0.65元的煤費,0.05元的電費及0.05元的運輸費.創收一元錢的運輸費,鐵路要支付0.55元的煤費及0.10元的電費.在某一週內,煤礦接到外地金額為50,000元的訂貨,發電廠接到外地金額為25,000元的訂貨,外界對地方鐵路沒有需求.問三個企業在這一週內總產值為多少才能滿足自身及外界的需求?

解　設x_1為本周內煤礦總產值,x_2為本周內電廠總產值,x_3為本周內鐵路總產值,則

$$\begin{cases} x_1 - (0 \times x_1 + 0.65x_2 + 0.55x_3) = 50,000 \\ x_2 - (0.25x_1 + 0.05x_2 + 0.10x_3) = 25,000 \\ x_3 - (0.25x_1 + 0.05x_2 + 0 \times x_3) = 0 \end{cases}$$

即

$$\begin{pmatrix} x_1 \\ x_2 \\ x_3 \end{pmatrix} - \begin{pmatrix} 0 & 0.65 & 0.55 \\ 0.25 & 0.05 & 0.10 \\ 0.25 & 0.05 & 0 \end{pmatrix} \begin{pmatrix} x_1 \\ x_2 \\ x_3 \end{pmatrix} = \begin{pmatrix} 50,000 \\ 25,000 \\ 0 \end{pmatrix}$$

記

$$X = \begin{pmatrix} x_1 \\ x_2 \\ x_3 \end{pmatrix}, A = \begin{pmatrix} 0 & 0.65 & 0.55 \\ 0.25 & 0.05 & 0.10 \\ 0.25 & 0.05 & 0 \end{pmatrix}, Y = \begin{pmatrix} 50,000 \\ 25,000 \\ 0 \end{pmatrix}$$

矩陣A稱為直接消耗矩陣,X稱為產出向量,Y稱為需求向量,則上述方程組可改寫為

$$X - AX = Y,$$

整理得

$(E-A)X = Y,$

其中矩陣 E 為單位矩陣,$(E-A)$ 稱為列昂杰夫矩陣,列昂杰夫矩陣為非奇異矩陣.

設 $B = (E-A)^{-1} - E, C = A\begin{pmatrix} x_1 & 0 & 0 \\ 0 & x_2 & 0 \\ 0 & 0 & x_3 \end{pmatrix}, D = (1,1,1).$ 矩陣 B 稱為完全消耗矩陣,它與矩陣 A 一起在各個部門之間的投入產生中起平衡作用.矩陣 C 可以稱為投入產出矩陣,它的元素表示煤礦、電廠、鐵路之間的投入產出關係.向量 D 稱為總投入向量,它的元素是矩陣 C 的對應列元素之和,分別表示煤礦、電廠、鐵路得到的總投入.

由矩陣 C,向量 Y, X 和 D,可得投入產出分析表,見表 3-1.

表 3-1　　　　　　　　　　投入產出分析表　　　　　　　　　　單位:元

	煤礦	電廠	鐵路	外界需求	總產出
煤礦	c_{11}	c_{12}	c_{13}	y_1	x_1
電廠	c_{21}	c_{22}	c_{23}	y_2	x_2
鐵路	c_{31}	c_{32}	c_{33}	y_3	x_3
總投入	d_1	d_2	d_3	—	—

解方程組可得產出向量 X,於是可計算矩陣 C 和向量 D,計算結果見表 3-2.

表 3-2　　　　　　　　　　投入產出計算結果　　　　　　　　　　單位:元

	煤礦	電廠	鐵路	外界需求	總產出
煤礦	0	36,505.96	15,581.51	50,000	102,087.48
電廠	25,521.87	2,808.15	2,833.00	25,000	56,163.02
鐵路	25,521.87	2,808.15	0	0	28,330.02
總投入	51,043.74	42,122.27	18,414.52	—	—

二、網絡流模型

網絡流模型廣泛應用於交通、運輸、通信、電力分配、城市規劃、任務分派以及計算機輔助設計等眾多領域.當科學家、工程師和經濟學家研究某種網絡中的流量問題時,線性方程組就自然產生了,例如,城市規劃設計人員和交通工程師監控城市道路網格內的交通流量,電氣工程師計算電路中流經的電流,經濟學家分析產品通過批發商和零售商網絡從生產者到消費者的分配等.大多數網絡流模型中的方程組都包含了數百甚至上千未知量和線性方程.

一個網絡由一個點集以及連接部分或全部點的直線或弧線構成.網絡中的點稱作**聯結點**(或**節點**),網絡中的連接線稱作**分支**.每一分支中的流量方向已經指定,並

且流量(或流速)已知或者已標為變量.網絡流的基本假設是網絡中流入與流出的總量相等,並且每個聯結點流入和流出的總量也相等.我們可以通過下面例子來感受一下網絡流.

例2 圖 3-1 中的網絡表示 A 城市的一些單行道的交通流量(以每小時的汽車數量來度量).試計算在四交叉路口間車輛的數量.

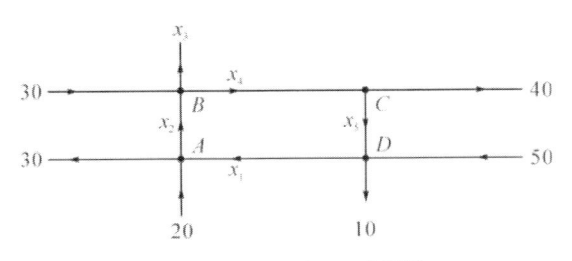

圖 3-1 單行道交通流量圖

解 根據網絡流模型的基本假設,在節點(交叉口) A,B,C,D 處,我們可以分別得到下列方程:

$$A: x_1 + 20 = 30 + x_2$$
$$B: x_2 + 30 = x_3 + x_4$$
$$C: x_4 = 40 + x_5$$
$$D: x_5 + 50 = 10 + x_1$$

此外,該網絡的總流入 $(20+30+50)$ 等於網絡的總流出 $(30+x_3+40+10)$,化簡得 a.把這個方程與整理後的前四個方程聯立,得如下方程組:

$$\begin{cases} x_1 - x_2 = 10 \\ x_2 - x_3 - x_4 = -30 \\ x_4 - x_5 = 40 \\ x_1 - x_5 = 40 \\ x_3 = 20 \end{cases}$$

取 $x_5 = c$ (c 為任意常數),則網絡的流量模式表示為

$$x_1 = 40 + c, x_2 = 30 + c, x_3 = 20, x_4 = 40 + c, x_5 = c.$$

網絡分支中的負流量表示與模型中指定的方向相反.由於街道是單行道,因此變量不能取負值.這導致變量在取正值時也有一定的局限.

三、平衡價格

為了協調多個相互依存的行業的平衡發展,有關部門需要根據每個行業的產出在各個行業中的分配情況確定每個行業產品的指導價格,使得每個行業的投入與產出都大致相等.

例3 假設一個經濟系統由煤炭、電力、鋼鐵行業組成,每個行業的產出在各個

行業中的分配如表 3 - 3 所示:

表 3 - 3　　　　　　　　　行業產出分配表

產出分配			購買者
煤炭	電力	鋼鐵	
0	0.4	0.6	煤炭
0.6	0.1	0.2	電力
0.4	0.5	0.2	鋼鐵

每一列中的元素表示占該行業總產出的比例. 求使得每個行業的投入與產出都相等的平衡價格.

解　假設不考慮這個系統與外界的聯繫. a 分別表示煤炭、電力、鋼鐵行業每年總產出的價格, 則

$$\begin{cases} x_1 = 0.4x_2 + 0.6x_3 \\ x_2 = 0.6x_1 + 0.1x_2 + 0.2x_3 \\ x_3 = 0.4x_1 + 0.5x_2 + 0.2x_3 \end{cases}, 即 \begin{cases} x_1 - 0.4x_2 - 0.6x_3 = 0 \\ -0.6x_1 + 0.9x_2 - 0.2x_3 = 0. \\ -0.4x_1 - 0.5x_2 + 0.8x_3 = 0 \end{cases}$$

求解方程組, 得

$$x_1 = 0.939,4, x_2 = 0.848,5, x_3 = 1.$$

這就是說, 如果煤炭、電力、鋼鐵行業每年總產出的價格分別 0.939,4 億元, 0.848,5 億元, 1 億元, 那麼每個行業的投入與產出都相等.

四、平衡結構的梁受力的計算

在橋樑、房頂、鐵塔等建築結構中, 涉及各種各樣的梁. 對這些梁進行受力分析是設計師、工程師經常做的事情.

下面以雙杆系統的受力分析為例, 說明如何研究梁上各鉸接點處的受力情況.

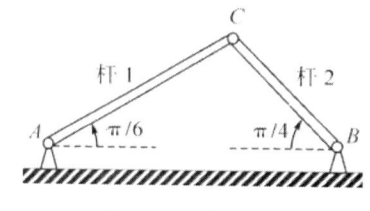

例4　在圖 3 - 2 所示的雙杆系統中, 已知杆 1 重 $G_1 = 200$ 牛頓, 長 $L_1 = 2$ 米, 與水平方向的夾角為 $\theta_1 = \pi/6$, 杆 2 重 $G_2 = 100$ 牛頓, 長 $L_2 = a$ 米, 與水平方向的夾角為 $\theta_2 = \pi/4$. 三個鉸接點 A, B, C 所在平面垂直於水平面. 求杆1, 杆2 在鉸接點處所受到的力.

圖 3 - 2　雙杆系統

解　假設兩杆都是均勻的. 在鉸接點處的受力情況如圖 3 - 3 所示.

對於杆 1：

水平方向受到的合力為零，故 $N_1 = N_3$，

豎直方向受到的合力為零，故 $N_2 + N_4 = G_1$，

以點 A 為支點的合力矩為零，故 $(L_1 sin\, \theta_1)N_3 + (L_1 cos\, \theta_1)N_4 = (\frac{1}{2}L_1 cos\, \theta_1)G_1$.

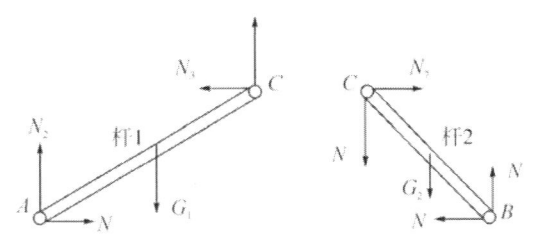

圖 3 - 3　兩杆受力情況

對於杆 2 類似地有：

$N_5 = N_7$，　$N_6 = N_8 + G_2$，　$(L_2 sin\, \theta_2)N_7 = (L_2 cos\, \theta_2)N_8 + (\frac{1}{2}L_2 cos\, \theta_2)G_2$.

此外還有 $N_3 = N_7$，$N_4 = N_8$. 於是將上述 8 個等式聯立起來得到關於 $N_1, N_2, \cdots, N_8$ 的線性方程組：

$$\begin{cases} N_1 - N_3 = 0 \\ N_2 + N_4 = G_1 \\ \vdots \\ N_4 - N_8 = 0 \end{cases}$$

求解方程組得

$N_1 = 95.096\,2, N_2 = 154.903\,8, N_3 = 95.096\,2, N_4 = 45.096\,2, N_5 = 95.096\,2, N_6 = 145.096\,2, N_7 = 95.096\,2, N_8 = 45.096\,2.$

最後的結果沒有出現負值，說明圖 3 - 3 中假設的各個力的方向與事實一致. 如果結果中出現負值，則說明該力的方向與假設的方向相反.

習題三

1. 用消元法解下列線性方程組

(1) $\begin{cases} 2x_1 - x_2 + 3x_3 = 1 \\ 2x_1 + 2x_3 = 6 \\ 4x_1 + 2x_2 + 5x_3 = 7 \end{cases}$　　(2) $\begin{cases} 2x_1 - x_2 + 3x_3 = 1 \\ 4x_1 - 2x_2 + 5x_3 = 4 \\ 2x_1 - x_2 + 4x_3 = -1 \\ 6x_1 - 3x_2 + 5x_3 = 11 \end{cases}$

2. 設 $\alpha_1 = (1,1,-1,-2), \alpha_2 = (-2,1,0,1), \alpha_3 = (-1,-2,0,2)$，求

(1) $\alpha_1 + \alpha_2 + \alpha_3$ (2) $2\alpha_1 - 3\alpha_2 + 5\alpha_3$

3. 判斷下列向量組的線性相關性.

(1) $\alpha_1 = \begin{pmatrix} 4 \\ 1 \\ 10 \\ 0 \end{pmatrix}, \alpha_2 = \begin{pmatrix} 1 \\ 2 \\ 5 \\ 1 \end{pmatrix}, \alpha_3 = \begin{pmatrix} 2 \\ 0 \\ 2 \\ 1 \end{pmatrix}, \alpha_4 = \begin{pmatrix} 4 \\ 2 \\ 0 \\ 7 \end{pmatrix}$

(2) $\alpha_1 = \begin{pmatrix} 2 \\ 1 \\ -3 \\ 3 \end{pmatrix}, \alpha_2 = \begin{pmatrix} -1 \\ 0 \\ 1 \\ 2 \end{pmatrix}, \alpha_3 = \begin{pmatrix} 0 \\ 2 \\ 1 \\ 0 \end{pmatrix}, \alpha_4 = \begin{pmatrix} 1 \\ 3 \\ -1 \\ 2 \end{pmatrix}$

4. 設向量組 $\alpha_1 = \begin{pmatrix} 1+a \\ 1 \\ 1 \\ 1 \end{pmatrix}, \alpha_2 = \begin{pmatrix} 2 \\ 2+a \\ 2 \\ 2 \end{pmatrix}, \alpha_3 = \begin{pmatrix} 3 \\ 3 \\ 3+a \\ 3 \end{pmatrix}, \alpha_4 = \begin{pmatrix} 4 \\ 4 \\ 4 \\ 4+a \end{pmatrix}$

(1) a 為何值時, $\alpha_1, \alpha_2, \alpha_3, \alpha_4$ 線性相關;

(2) a 為何值時, $\alpha_1, \alpha_2, \alpha_3, \alpha_4$ 線性無關.

5. 求下列向量組的秩與一個極大無關組, 並將其餘向量用求出的極大無關組線性表示.

(1) $\alpha_1 = \begin{pmatrix} 2 \\ -1 \\ -1 \\ 0 \end{pmatrix}, \alpha_2 = \begin{pmatrix} 1 \\ 1 \\ 0 \\ 1 \end{pmatrix}, \alpha_3 = \begin{pmatrix} 0 \\ 3 \\ 1 \\ 2 \end{pmatrix}, \alpha_4 = \begin{pmatrix} 4 \\ 4 \\ 0 \\ 4 \end{pmatrix}$

(2) $\alpha_1 = \begin{pmatrix} 2 \\ 1 \\ 3 \\ 2 \end{pmatrix}, \alpha_2 = \begin{pmatrix} 3 \\ 2 \\ -2 \\ -3 \end{pmatrix}, \alpha_3 = \begin{pmatrix} 1 \\ 0 \\ 8 \\ 7 \end{pmatrix}, \alpha_4 = \begin{pmatrix} -3 \\ -2 \\ 3 \\ 4 \end{pmatrix}, \alpha_5 = \begin{pmatrix} -7 \\ -4 \\ 0 \\ 3 \end{pmatrix}$

6. 解下列線性方程組(在有無窮多解時求出其結構式通解).

(1) $\begin{cases} 2x_1 + 3x_2 + x_3 = 4 \\ x_1 - 2x_2 + 4x_3 = -5 \\ 3x_1 + 8x_2 - 2x_3 = 13 \\ 4x_1 - x_2 + 9x_3 = -6 \end{cases}$ (2) $\begin{cases} x_1 - x_2 - x_3 + x_4 = 0 \\ x_1 - x_2 - x_4 = \dfrac{1}{2} \\ 2x_1 - 2x_2 - 4x_3 + 6x_4 = -1 \end{cases}$

7. 參數 a, b 為何值時, 線性方程組

$\begin{cases} ax_1 + x_2 + x_3 = 4 \\ x_1 + bx_2 + x_3 = 3 \\ x_1 + 2bx_2 + x_3 = 4 \end{cases}$

無解、有唯一解、有無窮多解? 在有解時, 求其解.

8. 設四元非齊次線性方程組系數矩陣的秩是3,已知 $\alpha_1, \alpha_2, \alpha_3$ 是它的三個解向量,且 $\alpha_1 = \begin{pmatrix} 4 \\ 1 \\ 0 \\ 2 \end{pmatrix}, \alpha_2 + \alpha_3 = \begin{pmatrix} 1 \\ 0 \\ 1 \\ 2 \end{pmatrix}$,求這個方程組的通解.

9. 某道路交叉口建成單行的小環島如下圖所示,試建立該網絡流的數學模型,不必求解.

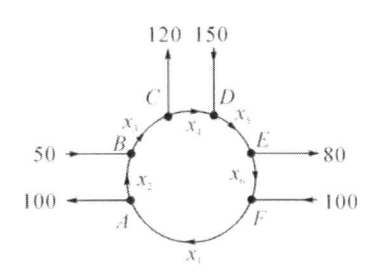

10. 某地有一座油礦、一個發電廠和一條鐵路. 經成本核算,每生產價值1元錢的油需消耗0.3元的電;為了把這1元錢的油運出去需花費0.2元的運費;每生產1元的電需0.6元的油作燃料;為了運行電廠的輔助設備需消耗本身0.1元的電,還需要花費0.1元的運費;作為鐵路局,每提供1元運費的運輸需消耗0.5元的煤,輔助設備要消耗0.1元的電. 現油礦接到外地6萬元油的訂貨,電廠有10萬元電的外地需求,問:油礦和電廠各生產多少才能滿足需求?

11. 假設一個經濟系統由三個行業:五金化工、能源(如燃料、電力等)、機械組成,每個行業的產出在各個行業中的分配見表3-4,每一列中的元素表示占該行業總產出的比例.以第二列為例,能源行業的總產出的分配如下:80%分配到五金化工行業,10%分配到機械行業,餘下的供本行業使用.因為考慮了所有的產出,所以每一列的小數加起來必須等於1. 把五金化工、能源、機械行業每年總產出的價格(即貨幣價值)分別用 p_1, p_2, p_3 表示.試求出使得每個行業的投入與產出都相等的平衡價格.

表3-4　　　　　　　　經濟系統的平衡

產出分配			購買者
五金化工	能源	機械	
0.2	0.8	0.4	五金化工
0.3	0.1	0.4	能源
0.5	0.1	0.2	機械

12. 有一個平面結構如圖3-4所示,有13條梁(圖中標號的線段)和8個鉸接點(圖中標號的圈)聯結在一起(如圖3-4所示). 其中1號鉸接點完全固定,8號鉸接點豎直方向固定,並在2號、5號和6號鉸接點上,分別有圖示的10噸、15噸和20噸的

負載. 在靜平衡的條件下, 任何一個鉸接點上水平和豎直方向受力都是平衡的. 已知每條斜梁的角度都是 45°.

(1) 列出由各鉸接點處受力平衡方程構成的線性方程組.

(2) 求解該線性方程組, 確定每條梁的受力情況.

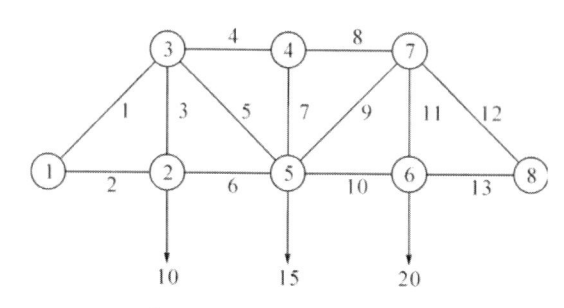

圖 3-4　一個平面結構的梁

第四章　　向量代數與空間解析幾何

引言：在研究力學、物理學以及其他應用科學時，常會遇到這樣一類量，它們既有大小，又有方向，例如力、力矩、位移、速度、加速度等，這一類量叫作向量或矢量．

本章主要介紹向量的概念及線性運算，並在向量基礎上討論曲線的向量表示和曲線的曲率等概念．

第一節　　向量及其線性運算

一、向量概念

在數學上，用一條有方向的線段（稱為有向線段）來表示向量．有向線段的長度表示向量的大小，有向線段的方向表示向量的方向．

以 A 為起點、B 為終點的有向線段所表示的向量記作 $\overrightarrow{AB}$．向量可用粗體字母表示，也可用上加箭頭書寫體字母表示，例如，$\boldsymbol{a}$、$\boldsymbol{r}$、$\boldsymbol{v}$、$\boldsymbol{F}$ 或 $\vec{a}$、$\vec{r}$、$\vec{v}$、$\vec{F}$．

由於一切向量的共性是它們都有大小和方向，所以在數學上我們只研究與起點無關的向量，並稱這種向量為自由向量，簡稱向量．因此，如果向量 $\boldsymbol{a}$ 和 $\boldsymbol{b}$ 的大小相等且方向相同，則說向量 $\boldsymbol{a}$ 和 $\boldsymbol{b}$ 是相等的，記為 $\boldsymbol{a}=\boldsymbol{b}$．相等的向量經過平移後可以完全重合．

（1）**向量的模**：向量的大小叫作向量的模．

向量 $\boldsymbol{a}$、$\vec{a}$、$\overrightarrow{AB}$ 的模分別記為 $|\boldsymbol{a}|$、$|\vec{a}|$、$|\overrightarrow{AB}|$．

模等於 1 的向量叫作**單位向量**．

模等於 0 的向量叫作**零向量**，記作 $\boldsymbol{0}$ 或 $\vec{0}$．零向量的起點與終點重合，它的方向可以看作是任意的．

（2）**向量平行**：兩個非零向量如果它們的方向相同或相反，就稱這兩個向量平行．向量 $\boldsymbol{a}$ 與 $\boldsymbol{b}$ 平行，記作 $\boldsymbol{a} /\!/ \boldsymbol{b}$．零向量與任何向量都平行．

當兩個平行向量的起點放在同一點時，它們的終點和公共的起點在一條直線上．因此，兩向量平行又稱兩向量共線．

類似地還有共面的概念．設有 $k(k \geq 3)$ 個向量，當把它們的起點放在同一點時，如果 k 個終點和公共起點在一個平面上，就稱這 k 個向量共面．

二、向量的線性運算

1. 向量的加法

設有兩個向量 a 與 b，平移向量使 b 的起點與 a 的終點重合，此時從 a 的起點到 b 的終點的向量 c 稱為向量 a 與 b 的和，記作 $a + b$，即 $c = a + b$。

上述作出兩向量之和的方法叫作向量加法的三角形法則。

當向量 a 與 b 不平行時如圖 4-1 所示，平移向量使 a 與 b 的起點重合如圖 4-2 所示，以 a、b 為鄰邊作一平行四邊形，從公共起點到對角的向量等於向量 a 與 b 的和，記作 $a + b$。上述作出兩向量之和的方法叫作向量加法的平行四邊形法則。

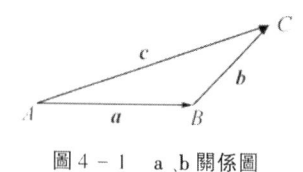

圖 4-1　a、b 關係圖 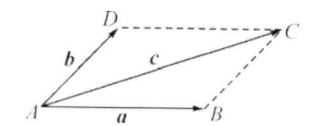　　　　圖 4-2　a、b 平移之後的關係圖

向量的加法的運算規律：

（1）交換律 $a + b = b + a$；
（2）結合律 $(a + b) + c = a + (b + c)$。

由於向量的加法符合交換律與結合律，故 n 個向量 $a_1, a_2, \cdots, a_n (n \geq 3)$ 相加可寫成

$$a_1 + a_2 + \cdots + a_n$$

並按向量相加的三角形法則，可得 n 個向量相加的法則如下：使前一向量的終點作為次一向量的起點，相繼作向量 $a_1, a_2, \cdots, a_n$，再以第一向量的起點為起點，最後一向量的終點為終點作一向量，這個向量即為所求的和。

設 a 為一向量，與 a 的模相同而方向相反的向量叫作 a 的負向量，記為 $-a$。

我們規定兩個向量 b 與 a 的差為

$$b - a = b + (-a)。$$

即把向量 $-a$ 加到向量 b 上，便得 b 與 a 的差 $b - a$。如圖 4-3，4-4 所示：

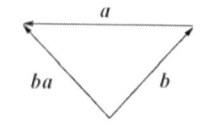

圖 4-3　b 與 a 的差的示意圖 1 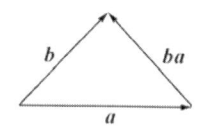　　　　圖 4-4　b 與 a 的差的示意圖 2

特別地，當 $b = a$ 時，有 $a - a = a + (-a) = 0$。

顯然，任意給出向量 $\overrightarrow{AB}$ 及點 O，有

$$\vec{AB} = \vec{AO} + \vec{OB} = \vec{OB} - \vec{OA},$$

因此,若把向量 a 與 b 移到同一起點 O,則從 a 的終點 A 向 b 的終點 B 所引向量 $\vec{AB}$ 便是向量 b 與 a 的差 $b - a$.

三角不等式:

由三角形兩邊之和大於第三邊的原理,有

$$|a + b| \leq |a| + |b| \text{ 及 } |a - b| \leq |a| + |b|,$$

其中等號在 b 與 a 同向或反向時成立.

2. 向量與數的乘法

向量與數的乘法:

向量 a 與實數 λ 的乘積記作 λa,規定 λa 是一個向量,它的模 $|\lambda a| = |\lambda||a|$,它的方向當 $\lambda > 0$ 時與 a 相同,當 $\lambda < 0$ 時與 a 相反.

當 $\lambda = 0$ 時,$|\lambda a| = 0$,即 λa 為零向量,這時它的方向可以是任意的.

特別地,當 $\lambda = \pm 1$ 時,有

$$1a = a, (-1)a = -a.$$

運算規律:

(1) 結合律 $\lambda(\mu a) = \mu(\lambda a) = (\lambda\mu) a$;

(2) 分配律 $(\lambda + \mu) a = \lambda a + \mu a$;

$$\lambda(a + b) = \lambda a + \lambda b.$$

例 1 在平行四邊形 $ABCD$ 中,設 $\vec{AB} = a$,$\vec{AD} = b$,如圖 4-5 所示.試用 a 和 b 表示向量 $\vec{MA}$、$\vec{MB}$、$\vec{MC}$、$\vec{MD}$,其中 M 是平行四邊形對角線的交點.

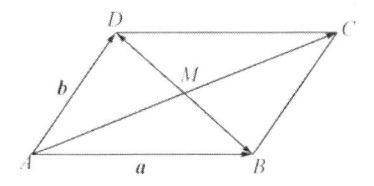

圖 4-5 平行四邊形 ABCD 示意圖

解 由於平行四邊形的對角線互相平分,所以

$$a + b = \vec{AC} = 2\vec{AM}, \text{ 即 } -(a + b) = 2\vec{MA},$$

於是 $\vec{MA} = -\dfrac{1}{2}(a + b)$.

因為 $\vec{MC} = -\vec{MA}$,所以 $\vec{MC} = \dfrac{1}{2}(a + b)$.

又因 $-a + b = \vec{BD} = 2\vec{MD}$,所以 $\vec{MD} = \dfrac{1}{2}(b - a)$.

由於 $\overrightarrow{MB} = -\overrightarrow{MD}$，所以 $\overrightarrow{MB} = \frac{1}{2}(a-b)$．

向量的單位化：

設 $a \neq 0$，則向量 $\frac{a}{|a|}$ 是與 a 同方向的單位向量，記為 e_a，於是 $a = |a|e_a$．

三、空間直角坐標系

在空間取定一點 O 和三個兩兩垂直的單位向量 i、j、k，就確定了三條都以 O 為原點的兩兩垂直的數軸，依次記為 x 軸(橫軸)、y 軸(縱軸)、z 軸(竪軸)，統稱為坐標軸．它們構成一個空間直角坐標系，稱為 **Oxyz 坐標系**．

註：(1) 通常三個數軸應具有相同的長度單位；

(2) 通常把 x 軸和 y 軸配置在水平面上，而 z 軸則是鉛垂線；

(3) 數軸的正向通常符合右手規則．

1. 坐標面：

在空間直角坐標系中，任意兩個坐標軸可以確定一個平面，這種平面稱為**坐標面**．x 軸及 y 軸所確定的坐標面叫作 xOy 面，另兩個坐標面是 yOz 面和 zOx 面．三個坐標面把空間分成八個部分，每一部分叫作卦限，含有三個正半軸的卦限叫作第一卦限，它位於 xOy 面的上方．在 xOy 面的上方，按逆時針方向排列著第二卦限，第三卦限和第四卦限．在 xOy 面的下方，與第一卦限對應的是第五卦限，按逆時針方向還排列著第六卦限，第七卦限和第八卦限．八個卦限分別用字母 Ⅰ、Ⅱ、Ⅲ、Ⅳ、Ⅴ、Ⅵ、Ⅶ、Ⅷ 表示．

2. 向量的坐標分解式：

任給向量 r，對應有點 M，使 $\overrightarrow{OM} = r$．以 $\overrightarrow{OM}$ 為對角線、三條坐標軸為棱作長方體，有

$$r = \overrightarrow{OM} = \overrightarrow{OP} + \overrightarrow{PN} + \overrightarrow{NM} = \overrightarrow{OP} + \overrightarrow{OQ} + \overrightarrow{OR},$$

設 $\overrightarrow{OP} = xi, \overrightarrow{OQ} = yj, \overrightarrow{OR} = zk$，則

$$r = \overrightarrow{OM} = xi + yj + zk.$$

上式稱為向量 r 的坐標分解式，xi、yj、zk 稱為向量 r 沿三個坐標軸方向的分向量．

顯然，給定向量 r，就確定了點 M 及 $\overrightarrow{OP} = xi, \overrightarrow{OQ} = yj, \overrightarrow{OR} = zk$ 三個分向量，進而確定了 x、y、z 三個有序數；反之，給定三個有序數 x、y、z 也就確定了向量 r 與點 M．於是點 M、向量 r 與三個有序 x、y、z 之間有一一對應的關係．

$$M \leftrightarrow r = \overrightarrow{OM} = xi + yj + zk \leftrightarrow (x, y, z).$$

據此，定義：有序數 x、y、z 稱為向量 r (在坐標系 $Oxyz$) 中的坐標，記作 $r = (x, y, z)$；有序數 x、y、z 也稱為點 M (在坐標系 $Oxyz$) 的坐標，記為 $M(x, y, z)$．

向量 $r = \overrightarrow{OM}$ 稱為點 M 關於原點 O 的向徑．上述定義表明，一個點與該點的向徑有

相同的坐標.記號(x,y,z)既表示點M,又表示向量$\overrightarrow{OM}$.

四、利用坐標作向量的線性運算

設$\boldsymbol{a}=(a_x,a_y,a_z),\boldsymbol{b}=(b_x,b_y,b_z)$

即 $\boldsymbol{a}=a_x\boldsymbol{i}+a_y\boldsymbol{j}+a_z\boldsymbol{k},\boldsymbol{b}=b_x\boldsymbol{i}+b_y\boldsymbol{j}+b_z\boldsymbol{k}$,

則 $\boldsymbol{a}+\boldsymbol{b}=(a_x\boldsymbol{i}+a_y\boldsymbol{j}+a_z\boldsymbol{k})+(b_x\boldsymbol{i}+b_y\boldsymbol{j}+b_z\boldsymbol{k})$

$=(a_x+b_x)\boldsymbol{i}+(a_y+b_y)\boldsymbol{j}+(a_z+b_z)\boldsymbol{k}$

$=(a_x+b_x,a_y+b_y,a_z+b_z)$.

$\boldsymbol{a}-\boldsymbol{b}=(a_x\boldsymbol{i}+a_y\boldsymbol{j}+a\boldsymbol{k})-(b_x\boldsymbol{i}+b_y\boldsymbol{j}+b_z\boldsymbol{k})$

$=(a_x-b_x)\boldsymbol{i}+(a_y-b_y)\boldsymbol{j}+(a_z-b_z)\boldsymbol{k}$

$=(a_x-b_x,a_y-b_y,a_z-b_z)$.

$\lambda\boldsymbol{a}=\lambda(a_x\boldsymbol{i}+a_y\boldsymbol{j}+a_z\boldsymbol{k})$

$=(\lambda a_x)\boldsymbol{i}+(\lambda a_y)\boldsymbol{j}+(\lambda a_z)\boldsymbol{k}$

$=(\lambda a_x,\lambda a_y,\lambda a_z)$.

利用向量的坐標判斷兩個向量的平行：設$\boldsymbol{a}=(a_x,a_y,a_z)\neq 0,\boldsymbol{b}=(b_x,b_y,b_z)$,向量$\boldsymbol{b}//\boldsymbol{a}\Leftrightarrow\boldsymbol{b}=\lambda\boldsymbol{a}$,即$\boldsymbol{b}//\boldsymbol{a}\Leftrightarrow(b_x,b_y,b_z)=\lambda(a_x,a_y,a_z)$,於是$\dfrac{b_x}{a_x}=\dfrac{b_y}{a_y}=\dfrac{b_z}{a_z}$.

例2 求解以向量為未知元的線性方程組$\begin{cases}5x-3y=\boldsymbol{a}\\3x-2y=\boldsymbol{b}\end{cases}$,其中$\boldsymbol{a}=(2,1,2),\boldsymbol{b}=(-1,1,-2)$.

解 如同解二元一次線性方程組,可得

$x=2\boldsymbol{a}-3\boldsymbol{b},y=3\boldsymbol{a}-5\boldsymbol{b}$.

以$\boldsymbol{a}$、$\boldsymbol{b}$的坐標表示式代入,即得

$x=2(2,1,2)-3(-1,1,-2)=(7,-1,10)$,

$y=3(2,1,2)-5(-1,1,-2)=(11,-2,16)$.

例3 已知兩點$A(x_1,y_1,z_1)$和$B(x_2,y_2,z_2)$以及實數$\lambda\neq -1$,在直線AB上求一點M,使$\overrightarrow{AM}=\lambda\overrightarrow{MB}$.

解 由於$\overrightarrow{AM}=\overrightarrow{OM}-\overrightarrow{OA},\overrightarrow{MB}=\overrightarrow{OB}-\overrightarrow{OM}$,

因此 $\overrightarrow{OM}-\overrightarrow{OA}=\lambda(\overrightarrow{OB}-\overrightarrow{OM})$,

從而 $\overrightarrow{OM}=\dfrac{1}{1+\lambda}(\overrightarrow{OA}+\lambda\overrightarrow{OB})=(\dfrac{x_1+\lambda x_2}{1+\lambda},\dfrac{x_1+\lambda x_2}{1+\lambda},\dfrac{x_1+\lambda x_2}{1+\lambda})$,

這就是點M的坐標.

另解 設所求點為$M(x,y,z)$,則$\overrightarrow{AM}=(x-x_1,y-y_1,z-z_1),\overrightarrow{MB}=(x_2-x,y_2-y,z_2-z)$.依題意有$\overrightarrow{AM}=\lambda\overrightarrow{MB}$,即

$$(x-x_1, y-y_1, z-z_1) = \lambda(x_2-x, y_2-y, z_2-z)$$
$$(x,y,z) - (x_1,y_1,z_1) = \lambda(x_2,y_2,z_2) - \lambda(x,y,z),$$
$$(x,y,z) = \frac{1}{1+\lambda}(x_1+\lambda x_2, y_1+\lambda y_2, z_1+\lambda z_2),$$
$$x = \frac{x_1+\lambda x_2}{1+\lambda}, y = \frac{y_1+\lambda y_2}{1+\lambda}, z = \frac{z_1+\lambda z_2}{1+\lambda}.$$

點 M 叫作有向線段 $\overrightarrow{AB}$ 的定比分點。當 $\lambda=1$，點 M 的有向線段 $\overrightarrow{AB}$ 的中點，其坐標為
$$x = \frac{x_1+x_2}{2}, y = \frac{y_1+y_2}{2}, z = \frac{z_1+z_2}{2}.$$

五、向量的模、方向角、投影

1. 向量的模與兩點間的距離公式

設向量 $r=(x,y,z)$，作 $\overrightarrow{OM}=r$，則
$$r = \overrightarrow{OM} = \overrightarrow{OP} + \overrightarrow{OQ} + \overrightarrow{OR},$$
按勾股定理可得
$$|r| = |OM| = \sqrt{|OP|^2 + |OQ|^2 + |OR|^2},$$
設
$$\overrightarrow{OP} = x\boldsymbol{i}, \overrightarrow{OQ} = y\boldsymbol{j}, \overrightarrow{OR} = z\boldsymbol{k},$$
有
$$|OP| = |x|, |OQ| = |y|, |OR| = |z|,$$
於是得向量模的坐標表示式
$$|r| = \sqrt{x^2+y^2+z^2}.$$
設有點 $A(x_1,y_1,z_1)$、$B(x_2,y_2,z_2)$，則
$$\overrightarrow{AB} = \overrightarrow{OB} - \overrightarrow{OA} = (x_2,y_2,z_2) - (x_1,y_1,z_1) = (x_2-x_1, y_2-y_1, z_2-z_1),$$
於是點 A 與點 B 間的距離為
$$|AB| = |\overrightarrow{AB}| = \sqrt{(x_2-x_1)^2 + (y_2-y_1)^2 + (z_2-z_1)^2}.$$

例4 求證以 $M_1(4,3,1)$、$M_2(7,1,2)$、$M_3(5,2,3)$ 三點為頂點的三角形是一個等腰三角形。

解 因為 $|M_1M_2|^2 = (7-4)^2 + (1-3)^2 + (2-1)^2 = 14$，
$|M_2M_3|^2 = (5-7)^2 + (2-1)^2 + (3-2)^2 = 6$，
$|M_1M_3|^2 = (5-4)^2 + (2-3)^2 + (3-1)^2 = 6$，
所以 $|M_2M_3| = |M_1M_3|$，即 $\triangle M_1M_2M_3$ 為等腰三角形。

例5 在 z 軸上求與兩點 $A(-4,1,7)$ 和 $B(3,5,-2)$ 等距離的點。

解 設所求的點為 $M(0,0,z)$，依題意有 $|MA|^2 = |MB|^2$，
即 $(0+4)^2 + (0-1)^2 + (z-7)^2 = (3-0)^2 + (5-0)^2 + (-2-z)^2$.
解之得 $z = \frac{14}{9}$，所以，所求的點為 $M(0,0,\frac{14}{9})$。

例6 已知兩點 $A(4,0,5)$ 和 $B(7,1,3)$，求與 $\overrightarrow{AB}$ 方向相同的單位向量 e.

解 因為 $\overrightarrow{AB} = (7,1,3) - (4,0,5) = (3,1,-2)$，

$|\overrightarrow{AB}| = \sqrt{3^2 + 1^2 + (-2)^2} = \sqrt{14}$，

所以 $e = \dfrac{\overrightarrow{AB}}{|\overrightarrow{AB}|} = \dfrac{1}{\sqrt{14}}(3,1,-2)$.

2. 方向角與方向餘弦

當把兩個非零向量 a 與 b 的起點放到同一點時，兩個向量之間的不超過π的夾角稱為向量 a 與 b 的夾角，記作 $(\widehat{a,b})$ 或 $(\widehat{b,a})$．如果向量 a 與 b 中有一個是零向量，規定它們的夾角可以在 0 與π之間任意取值．

類似地，可以規定向量與一軸的夾角或空間兩軸的夾角．

非零向量 r 與三條坐標軸的夾角α、β、γ稱為向量 r 的方向角．

設 $r = (x,y,z)$，則

$x = |r|\cos\alpha, y = |r|\cos\beta, z = |r|\cos\gamma$．

$\cos\alpha$、$\cos\beta$、$\cos\gamma$稱為向量 r 的方向餘弦．

$\cos\alpha = \dfrac{x}{|r|}, \cos\beta = \dfrac{y}{|r|}, \cos\gamma = \dfrac{z}{|r|}$.

從而 $(\cos\alpha, \cos\beta, \cos\gamma) = \dfrac{1}{|r|}r = e_r$．

上式表明，以向量 r 的方向餘弦為坐標的向量就是與 r 同方向的單位向量 e_r．因此 $\cos^2\alpha + \cos^2\beta + \cos^2\gamma = 1$．

例7 設已知兩點 $A(2,2,\sqrt{2})$ 和 $B(1,3,0)$，計算向量 $\overrightarrow{AB}$ 的模、方向餘弦和方向角．

解 $\overrightarrow{AB} = (1-2, 3-2, 0-\sqrt{2}) = (-1, 1, -\sqrt{2})$；

$|\overrightarrow{AB}| = \sqrt{(-1)^2 + 1^2 + (-\sqrt{2})^2} = 2$；

$\cos\alpha = -\dfrac{1}{2}, \cos\beta = \dfrac{1}{2}, \cos\gamma = -\dfrac{\sqrt{2}}{2}$；

$\alpha = \dfrac{2\pi}{3}, \beta = \dfrac{\pi}{3}, \gamma = \dfrac{3\pi}{4}$．

3. 向量在軸上的投影

設點 O 及單位向量 e 確定 u 軸．

任給向量 r，作 $\overrightarrow{OM} = r$，再過點 M 作與 u 軸垂直的平面交 u 軸於點 M'（點 M' 叫作點 M 在 u 軸上的投影），則向量 $\overrightarrow{OM'}$ 稱為向量 r 在 u 軸上的分向量．設 $\overrightarrow{OM'} = \lambda e$，則數 λ 稱為向量 r 在 u 軸上的投影，記作 $Prj_u r$ 或 $(r)_u$．

按此定義，向量 a 在直角坐標系 $Oxyz$ 中的坐標 a_x, a_y, a_z 就是 a 在三條坐標軸上

的投影,即

$a_x = Prj_x a, a_y = Prj_y a, a_z = Prj_z a$.

投影的性質:

性質1　$(a)_u = |a| \cos \varphi$(即 $Prj_u a = |a| \cos \varphi$),其中$\varphi$為向量與$u$軸的夾角;

性質2　$(a+b)_u = (a)_u + (b)_u$(即 $Prj_u (a+b) = Prj_u a + Prj_u b$);

性質3　$(\lambda a)_u = \lambda (a)_u$(即 $Prj_u (\lambda a) = \lambda Prj_u a$);

第二節　　數量積　　向量積

一、兩向量的數量積

1. 數量積的物理背景

設一物體在常力F作用下沿直線從點M_1移動到點M_2,以s表示位移$\overrightarrow{M_1 M_2}$,由物理學知道,力F所做的功為

$W = |F| |s| \cos \theta$,

其中θ為F與s的夾角.

2. 數量積

對於兩個向量a和b,它們的模$|a|$、$|b|$及它們的夾角θ的餘弦的乘積稱為向量a和b的數量積,記作$a \cdot b$,即

$a \cdot b = |a| |b| \cos \theta$.

3. 數量積與投影

由於$|b| \cos \theta = |b| \cos(\widehat{a,b})$,當$a \neq 0$時,$|b| \cos(\widehat{a,b})$是向量$b$在向量$a$的方向上的投影,於是$a \cdot b = |a| Prj_a b$.

同理,當$b \neq 0$時,$a \cdot b = |b| Prj_b a$.

4. 數量積的性質

(1) $a \cdot a = |a|^2$.

(2) 對於兩個非零向量a、b,如果$a \cdot b = 0$,則$a \perp b$;

反之,如果$a \perp b$,則$a \cdot b = 0$.

如果認為零向量與任何向量都垂直,則$a \perp b \Leftrightarrow a \cdot b = 0$.

5. 數量積的運算律

(1) 交換律:$a \cdot b = b \cdot a$;

(2) 分配律:$(a+b) \cdot c = a \cdot c + b \cdot c$.

(3) $(\lambda a) \cdot b = a \cdot (\lambda b) = \lambda (a \cdot b)$,

$(\lambda a) \cdot (\mu b) = \lambda \mu (a \cdot b)$,$\lambda$、$\mu$為數.

數量積的坐標表示:

設 $a = (a_x, a_y, a_z)$, $b = (b_x, b_y, b_z)$, 則

$a \cdot b = a_x b_x + a_y b_y + a_z b_z$.

按數量積的運算規律可得

$a \cdot b = (a_x i + a_y j + a_z k) \cdot (b_x i + b_y j + b_z k)$
$= a_x b_x i \cdot i + a_x b_y i \cdot j + a_x b_z i \cdot k$
$+ a_y b_x j \cdot i + a_y b_y j \cdot j + a_y b_z j \cdot k$
$+ a_z b_x k \cdot i + a_z b_y k \cdot j + a_z b_z k \cdot k$
$= a_x b_x + a_y b_y + a_z b_z$.

兩向量夾角的餘弦的坐標表示:

設 $\theta = (\widehat{a, b})$，則當 $a \neq 0$、$b \neq 0$ 時，有

$$cos\theta = \frac{a \cdot b}{|a||b|} = \frac{a_x b_x + a_y b_y + a_z b_z}{\sqrt{a_x^2 + a_y^2 + a_z^2} \sqrt{b_x^2 + b_y^2 + b_z^2}}.$$

提示: $a \cdot b = |a||b| cos\theta$.

二、兩向量的向量積

在研究物體轉動問題時，不但要考慮這物體所受的力，還要分析這些力所產生的力矩．

設 O 為一根槓桿 L 的支點．有一個力 F 作用於這槓桿上 P 點處．F 與 $\overrightarrow{OP}$ 的夾角為 θ．由力學規定，力 F 對支點 O 的力矩是一向量 M，它的模

$|M| = |\overrightarrow{OP}||F| sin\theta$,

而 M 的方向垂直於 $\overrightarrow{OP}$ 與 F 所決定的平面，M 的指向是的按右手規則從 $\overrightarrow{OP}$ 以不超過 π 的角轉向 F 來確定的．

設向量 c 是由兩個向量 a 與 b 按下列方式定出:

c 的模 $|c| = |a||b| sin\theta$，其中 θ 為 a 與 b 間的夾角;

c 的方向垂直於 a 與 b 所決定的平面，c 的指向按右手規則從 a 轉向 b 來確定．

那麼，向量 c 叫作向量 a 與 b 的向量積，記作 $a \times b$，即

$c = a \times b$.

根據向量積的定義，力矩 M 等於 $\overrightarrow{OP}$ 與 F 的向量積，即

$M = \overrightarrow{OP} \times F$.

向量積的性質:

(1) $a \times a = 0$;

(2) 對於兩個非零向量 a、b，如果 $a \times b = 0$，則 $a // b$，反之，如果 $a // b$，則 $a \times b = 0$.

如果認為零向量與任何向量都平行，則 $a // b \Leftrightarrow a \times b = 0$.

數量積的運算律：

（1）交換律 $a \times b = -b \times a$；

（2）分配律：$(a+b) \times c = a \times c + b \times c$.

（3）$(\lambda a) \times b = a \times (\lambda b) = \lambda (a \times b)$　（λ為數）.

數量積的坐標表示：設 $a = a_x i + a_y j + a_z k$，$b = b_x i + b_y j + b_z k$. 按向量積的運算規律可得

$$a \times b = (a_x i + a_y j + a_z k) \times (b_x i + b_y j + b_z k)$$
$$= a_x b_x i \times i + a_x b_y i \times j + a_x b_z i \times k$$
$$+ a_y b_x j \times i + a_y b_y j \times j + a_y b_z j \times k$$
$$+ a_z b_x k \times i + a_z b_y k \times j + a_z b_z k \times k.$$

由於 $i \times i = j \times j = k \times k = 0$，$i \times j = k$，$j \times k = i$，$k \times i = j$，　所以

$$a \times b = (a_y b_z - a_z b_y) i + (a_z b_x - a_x b_z) j + (a_x b_y - a_y b_x) k.$$

為了幫助記憶，利用三階行列式符號，上式可寫成

$$a \times b = \begin{vmatrix} i & j & k \\ a_x & a_y & a_z \\ b_x & b_y & b_z \end{vmatrix} = a_y b_z i + a_z b_x j + a_x b_y k - a_y b_x k - a_x b_z j - a_z b_y i$$

$$= (a_y b_z - a_z b_y) i + (a_z b_x - a_x b_z) j + (a_x b_y - a_y b_x) k..$$

例1　設 $a = (2, 1, -1)$，$b = (1, -1, 2)$，計算 $a \times b$.

解　$a \times b = \begin{vmatrix} i & j & k \\ 2 & 1 & -1 \\ 1 & -1 & 2 \end{vmatrix} = 2i - j - 2k - k - 4j - i = i - 5j - 3k.$

例2　已知三角形 ABC 的頂點分別是 $A(1,2,3)$、$B(3,4,5)$、$C(2,4,7)$，求三角形 ABC 的面積.

解　根據向量積的定義，可知三角形 ABC 的面積

$$S_{\triangle ABC} = \frac{1}{2} |\overrightarrow{AB}| |\overrightarrow{AC}| \sin \angle A = \frac{1}{2} |\overrightarrow{AB} \times \overrightarrow{AC}|.$$

由於 $\overrightarrow{AB} = (2,2,2)$，$\overrightarrow{AC} = (1,2,4)$，因此

$$\overrightarrow{AB} \times \overrightarrow{AC} = \begin{vmatrix} i & j & k \\ 2 & 2 & 2 \\ 1 & 2 & 4 \end{vmatrix} = 4i - 6j + 2k.$$

於是　$S_{\triangle ABC} = \frac{1}{2} |4i - 6j + 2k| = \frac{1}{2} \sqrt{4^2 + (-6)^2 + 2^2} = \sqrt{14}.$

例3　設剛體以等角速度 ω 繞 l 軸旋轉，計算剛體上一點 M 的線速度.

解　剛體繞 l 軸旋轉時，我們可以用在 l 軸上的一個向量 ω 表示角速度，它的大小等於角速度的大小，它的方向由右手規則定出：以右手握住 l 軸，當右手的四個手指的轉向與剛體的旋轉方向一致時，大拇指的指向就是 ω 的方向.

設點 M 到旋轉軸 l 的距離為 a，再在 l 軸上任取一點 O 作向量 $\vec{r} = \overrightarrow{OM}$，並以 θ 表示 ω 與 r 的夾角，那麼

$$a = |r| \sin\theta.$$

設線速度為 v，那麼由物理學上線速度與角速度間的關係可知，v 的大小為

$$|v| = |\omega| a = |\omega||r|\sin\theta;$$

v 的方向垂直於通過 M 點與 l 軸的平面，即 v 垂直於 ω 與 r，又 v 的指向是使 ω、r、v 符合右手規則．因此有

$$v = \omega \times r.$$

第三節　　曲線的向量表示

一、空間曲線的向量表示

設 $x(t)$，$y(t)$ 和 $z(t)$ 是定義在區間 I 上的 3 個函數，令

$$\vec{r}(t) = [x(t), y(t), z(t)] = x(t)\vec{i} + y(t)\vec{j} + z(t)\vec{k} \quad (t \in I) \quad (4-1)$$

則對於每一個 $t \in I$，在 R^3 中都有唯一的一個向量 $\vec{r}(t)$ 與之對應．因此，這是定義在區間 I 上的一個向量值函數，或者是定義於區間 I 取值於 R^3 的一個映射．

$x(t)$，$y(t)$ 和 $z(t)$ 分別稱為向量值函數 $\vec{r}(t)$ 的 x 分量、y 分量和 z 分量．如果 $x(t)$，$y(t)$ 和 $z(t)$ 都在某個點 t_o 連續，則稱向量值函數 $\vec{r}(t)$ 在點 t_o 連續．這時有

$$\vec{r}(t_o) = [x(t_o), y(t_o), z(t_o)] = [\lim_{t \to t_o} x(t), \lim_{t \to t_o} y(t), \lim_{t \to t_o} z(t)] = \lim_{t \to t_o}[x(t), y(t), z(t)]$$
$$= \lim_{t \to t_o} \vec{r}(t)$$

如果 $x(t)$，$y(t)$ 和 $z(t)$ 都在區間 I 上連續，則稱 $\vec{r}(t)$ 是區間 I 上的連續向量值函數．

向量 $\vec{r}(t) = [x(t), y(t), z(t)]$ 與 R^3 中的點 M 唯一地對位，如果 $r(t)$ 在區間 I 上連續，那麼當自變量 t 在區間 I 上連續變動時，點 $\overrightarrow{OM} = \vec{r}(t) = [x(t), y(t), z(t)]$ 的變動軌跡就是 R^3 中的一條連續曲線 $C(4-1)$ 寫成分量形式

$$\begin{cases} x = x(t) \\ y = y(t) \quad (t \in I) \\ z = z(t) \end{cases} \quad (4-2)$$

則 $(4-2)$ 式稱為曲線 C 的參數方程，其中變量 t 稱為參數．

當參數 t 表示時間，$\vec{r}(t) = [x(t), y(t), z(t)]$ 代表某個質點在時刻 t 的空間位置，這時 $(4-1)$ 式或 $(4-2)$ 式就表示質點的運動規律，曲線 C 表示質點的運動軌跡．

例1　已知直線 L 通過點 $M(x_o, y_o, z_o)$ 並以非零向量 $\vec{v} = (v_1, v_2, v_3)$ 為方向向量，

則 L 的向量方程為

$$\vec{r}(t) = M_o + t\vec{v} \quad (-\infty < t < +\infty)$$

L 的參數方程為

$$\begin{cases} x = x_o + tv_1 \\ y = y_o + tv_2 \quad (-\infty < t < +\infty) \\ z = z_o + tv_3 \end{cases}$$

二、平面曲線的向量表示

平面曲線是空間曲線的特殊情況,故平面曲線的向量形式為

$$\Gamma : \vec{r}(t) = [x(t), y(t)] \quad (a \leq t \leq b) \tag{4-3}$$

例 2 函數 $y = \sqrt{1-x^2}$ 在平面直角坐標系 xOy 下表示以原點為圓心的上半開單位圓周,若用半開單位圓周向量形式參數方程表示,在 E^3 中可寫為

$$\vec{r}(t) = [t, \sqrt{1-t^2}, 0], t \in (-1, 1)$$

在 E^2 中可寫為

$$\vec{r}(t) = [t, \sqrt{1-t^2}], t \in (-1, 1)$$

即是平面曲線方程的向量表示.

三、曲線的切線及弧長

1. 曲線的切線

(1) 設曲線的參數方程為

$$C: \begin{cases} x = x(t) \\ y = y(t) \quad (a \leq t \leq b) \\ z = z(t) \end{cases}$$

且 $x(t), y(t), z(t)$ 對 t 可導.

如果 $x'(t), y'(t), z'(t)$ 都在 $[a,b]$ 上連續,且 $\forall t \in [a,b], x'(t), y'(t), z'(t)$ 不全為零,稱這樣的曲線為光滑曲線.

過曲線上一點 $M_o(x_o, y_o, z_o)$(對應參數 $t = t_o$)的切線定義為動點 $M(x_o + \Delta x, y_o + \Delta y, z_o + \Delta z)$(對應參數 $t = t_o + \Delta t$)沿曲線 C 趨於 M_o 時,割線 M_oM 的極限位置 M_0T 稱為曲線 C 在 M_o 點的切線,切點為 M_o.

因為 $\overrightarrow{M_oM} = (\Delta x, \Delta y, \Delta z)$,可以取 $\overrightarrow{M_oM}$ 為直線 M_oM 的方向向量,所以過 M_o 與 M 的割線方程為

$$\frac{x - x_o}{\Delta x} = \frac{y - y_o}{\Delta y} = \frac{z - z_o}{\Delta z},$$

上式中乘以 $\Delta t (\Delta t \neq o)$ 得

$$\frac{x-x_o}{\frac{\Delta x}{\Delta t}} = \frac{y-y_o}{\frac{\Delta y}{\Delta t}} = \frac{z-z_o}{\frac{\Delta z}{\Delta t}}$$

當 $M \to M_o$ 時,$\Delta t \to 0$,就得到曲線 C 在點 M_o 處的切線方程

$$\frac{x-x_o}{x'(t_o)} = \frac{y-y_o}{y'(t_o)} = \frac{z-z_o}{z'(t_o)},$$

其中 $x'(t_o), y'(t_o), z'(t_o)$ 不全為零.

向量 $\vec{s} = [x'(t_o), y'(t_o), z'(t_o)]$ 就是曲線 C 在點 M_o 處切線的方向向量,也稱為切向量.

例 3 求螺旋線 $C: \begin{cases} x = a\cos t \\ y = a\sin t \\ z = ct \end{cases}$ (a,c 為常數),在點 $(a,0,0)$ 的切線方程.

解 對應於點 $(a,0,0)$ 的參數 $t=0$,故在 $(a,0,0)$ 的切向量是

$$\vec{s} = [x'(t), y'(t), z'(t)]|_{t=0} = (-a\sin t, a\cos t, c)|_{t=0} = (0, a, c)$$

所以螺旋線 C 在點 $(a,0,0)$ 處的切線方程為

$$\frac{x-a}{0} = \frac{y-0}{a} = \frac{z-0}{c}$$

(2) 設空間曲線 C 的方程組為

$$\begin{cases} F(x,y,z) = 0 \\ G(x,y,z) = 0 \end{cases}$$

如果 F 和 G 滿足方程組的隱函數存在定理的條件,由方程組可唯一確定一組連續的可微的函數 $y = y(x), z = z(x)$.這表明曲面 $F(x,y,z) = 0$ 和曲面 $G(x,y,z) = 0$ 確定了一條光滑曲線 C(即兩曲面的交線),其方程為

$$C: \begin{cases} y = y(x) \\ z = z(x) \end{cases}$$

於是曲線 C 在 M_o 的切向量為

$$\vec{s} = [1, y'(x), z'(x)]|_{M_o}$$

其中 $y'(x), z'(x)$ 的求法可按方程組的情形求隱函數組的導數方法.

例 4 求兩個圓柱面 $\begin{cases} x^2 + y^2 = 1 \\ x^2 + z^2 = 1 \end{cases}$ 的交線在點 $M_o(\frac{1}{\sqrt{2}}, \frac{1}{\sqrt{2}}, \frac{1}{\sqrt{2}})$ 的切線方程.

解 在點 M_o 的近旁由上述兩柱面確定了一條光滑的交線

$$\begin{cases} y = y(x) \\ z = z(x) \end{cases}$$

其切向量是

$$\vec{s} = [1, y'(x), z'(x)]|_{M_o}$$

將方程組關於 x 求導,得

$$\begin{cases} 2x + 2yy'(x) = 0 \\ 2x + 2zz'(x) = 0 \end{cases}$$

解得

$$y'(x) = -\frac{x}{y}, z'(x) = -\frac{x}{z}$$

所以

$$\vec{s} = \left(1, -\frac{x}{y}, -\frac{x}{z}\right)\Big|_{M_o} = (1, -1, -1)$$

曲線在點 p_o 的切線方程是

$$\frac{x - \frac{1}{\sqrt{2}}}{1} = \frac{y - \frac{1}{\sqrt{2}}}{-1} = \frac{z - \frac{1}{\sqrt{2}}}{-1}$$

(3) 假設向量值函數 $\vec{r}(t)$ 在點 t_o 的某個鄰域中有定義,令 $\Delta t = t - t_o$, $\Delta \vec{r} = \vec{r}(t_o + \Delta t) - \vec{r}(t_o)$. 如果極限 $\lim\limits_{\Delta t \to 0} \dfrac{\Delta \vec{r}}{\Delta t}$ 存在,則稱向量值函數 $\vec{r}(t)$ 在點 t_o 可導,並稱該極限為向量值函數 $\vec{r}(t)$ 在點 t_o 的導數,記作 $\vec{r}'(t_o)$,或者 $\dfrac{d\vec{r}}{dt}\Big|_{t_o}$.

顯然,如果 $\vec{r}'(t_o)$ 存在,那麼它是一個確定的只與 t_o 有關的向量. 因為 $\vec{r}(t) = [x(t), y(t), z(t)]$,所以

$$\vec{r}'(t_o) = \lim_{\Delta t \to 0} \frac{\Delta \vec{r}}{\Delta t}$$
$$= \left[\lim_{\Delta t \to 0} \frac{x(t_o + \Delta t) - x(t_o)}{\Delta t}, \lim_{\Delta t \to 0} \frac{y(t_o + \Delta t) - y(t_o)}{\Delta t}, \lim_{\Delta t \to 0} \frac{z(t_o + \Delta t) - z(t_o)}{\Delta t}\right]$$
$$= [x'(t_o), y'(t_o), z'(t_o)]$$

因此,$\vec{r}'(t_o)$ 存在的充分必要條件是 3 個分量的導數 $x'(t_o), y'(t_o), z'(t_o)$ 都存在.

假設空間曲線的向量方程式與參數方程分別為

$$\vec{r}(t) = [x(t), y(t), z(t)] = x(t)\vec{i} + y(t)\vec{j} + z(t)\vec{k} \quad (t \in I)$$

和

$$\begin{cases} x = x(t) \\ y = y(t) \\ z = z(t) \end{cases} \quad (t \in I)$$

$M_o(x_o, y_o, z_o) = M_o(x(t_o), y(t_o), z(t_o))$ 為曲線 C 上的一點,向量值函數 $\vec{r}(t)$ 在點 t_o

可導,在 C 上 M_o 的附近任取一點 $M(x(t),y(t),z(t))$,過 M_o 和 M 兩點作曲線 C 的割線 $\overline{M_oM}$,此割線的一個方向向量為

$$\vec{v_t} = \left[\frac{x(t)-x(t_o)}{t-t_o}, \frac{y(t)-y(t_o)}{t-t_o}, \frac{z(t)-z(t_o)}{t-t_o}\right]$$

$$= \frac{\vec{r}(t_o+\Delta t) - \vec{r}(t_o)}{\Delta t}$$

$$= \frac{\Delta \vec{r}}{\Delta t}$$

由於 $\vec{r}(t)$ 在點 t_o 可導,所以當 $t \to t_o$ 時,向量 $\vec{v_t}$ 就趨向於極限向量

$$\vec{v} = \vec{r}'(t_o) = [x'(t_o), y'(t_o), z'(t_o)]$$

如果 3 個導數 $x'(t_o), y'(t_o), z'(t_o)$ 不全等於零(即 $x'(t_o)^2 + y'(t_o)^2 + z'(t_o)^2 \neq 0$),則 $\vec{r}'(t_o)$ 是一個非零向量,向量 $\vec{v} = \vec{r}'(t_o) = [x'(t_o), y'(t_o), z'(t_o)]$ 稱為曲線 C 在點 M_o 處的切向量.

經過點 M_o 並且以 $\vec{r}'(t_o)$ 為方向向量的直線稱為曲線 C 在點 M_o 處的切線,切線的向量參數方程為

$$\vec{r} = \vec{r_o} + \vec{r}'(t_o) \cdot t \quad (-\infty < t < +\infty)$$

其中 $\vec{r_o} = \vec{r}(t_o) = [x(t_o), y(t_o), z(t_o)]$.

切線的坐標參數方程是

$$\begin{cases} x = x_o + x'(t_o) \cdot t \\ y = y_o + y'(t_o) \cdot t \quad (-\infty < t < +\infty) \\ z = z_o + z'(t_o) \cdot t \end{cases}$$

例 5 求圓柱螺線 $\begin{cases} x = a\cos t \\ y = a\sin t, a > 0, c > 0. \\ z = ct \end{cases}$ 在點 $M_o(\frac{a}{\sqrt{2}}, \frac{a}{\sqrt{2}}, \frac{\pi c}{4})$ 處的切線.

解 由於 3 個分量的函數都是可導函數,而點 M_o 對應的參數為 $t_o = \frac{\pi}{4}$,所以螺線在 M_o 處的切向量是

$$\vec{v} = \vec{r}'(\frac{\pi}{4}) = \left[x'(\frac{\pi}{4}), y'(\frac{\pi}{4}), z'(\frac{\pi}{4})\right] = \left(-\frac{a}{\sqrt{2}}, \frac{a}{\sqrt{2}}, c\right)$$

因而所求切線的參數方程為

$$\begin{cases} x = \dfrac{a}{\sqrt{2}} - \dfrac{a}{\sqrt{2}}t \\ y = \dfrac{a}{\sqrt{2}} + \dfrac{a}{\sqrt{2}}t \\ z = \dfrac{\pi}{4} + ct \end{cases}$$

若參數 t 表示時間，$\vec{r}(t) = [x(t), y(t), z(t)]$ 代表某個質點在時刻 t 的空間位置，則導數 $\vec{r}'(t)$ 和二階導數 $\vec{r}''(t)$ 分別表示質點在時刻 t 的運動速度和加速度.

例6 設空間質點的運動軌跡為上例中的圓柱螺線，求質點在任意時刻 t 的速度和加速度.

解 因為質點的運動軌跡為 $\vec{r}(t) = (a\cos t, a\sin t, ct)$，所以質點在時刻 t 的運動速度為

$$\vec{r}'(t) = [x'(t), y'(t), z'(t)] = (-a\sin t, a\cos t, c)$$

質點在時刻 t 的加速度為

$$\vec{r}''(t) = [x''(t), y''(t), z''(t)] = (-a\cos t, -a\sin t, 0)$$

2. 曲線的弧長

設 f 定義在區間 I 上，f' 在 I 上連續，從平面曲線 $\Gamma: y = f(x)$ 上固定點 $M_o[x_o, f(x_o)]$ 作為計算弧長的起點，對 Γ 上的任一點 $M[x, f(x)]$，記弧長 $\widehat{M_oM}$ 為 $s(x)$，約定朝 x 增加的方向弧長 s 為正，朝 x 減少的方向弧長為負，因此 $s(x)$ 是 x 的嚴格增加函數.

（1）考慮 x 改變到 $x + \Delta x$，曲線上的點 M 變到 N，得到弧長的改變量是

$$\Delta s = \widehat{M_oN} - \widehat{M_oM} = \widehat{MN}$$

於是

$$\left(\dfrac{\Delta s}{\Delta x}\right)^2 = \dfrac{\widehat{MN}^2}{\Delta x^2} = \left(\dfrac{\widehat{MN}}{MN}\right)^2 \left(\dfrac{MN}{\Delta x}\right)^2 = \left(\dfrac{\widehat{MN}}{MN}\right)^2 \dfrac{\Delta x^2 + \Delta y^2}{\Delta x^2} = \left(\dfrac{\widehat{MN}}{MN}\right)^2 \left(1 + \left(\dfrac{\Delta y}{\Delta x}\right)^2\right)$$

當 $\Delta x \to 0$ 時，$N \to M$，這時 $\left|\dfrac{\widehat{MN}}{MN}\right| \to 1$，故

$$s'^2(x) = \lim_{\Delta x \to 0}\left(\dfrac{\Delta s}{\Delta x}\right)^2 = \lim_{\Delta x \to 0}\left(1 + \left(\dfrac{\Delta y}{\Delta x}\right)^2\right) = 1 + f'^2(x)$$

$$s'(x) = \sqrt{1 + f'^2(x)}$$

這樣可得

$$ds = \sqrt{1 + \left(\dfrac{dy}{dx}\right)^2}\, dx$$

即

$$ds^2 = dx^2 + dy^2$$

這就是弧微分公式.

（2）當平面曲線用參數方程給出時,有

$$\begin{cases} x = \varphi(t) \\ y = \psi(t) \end{cases}, t \in I$$

則有

$$ds^2 = dx^2 + dy^2 = [\varphi'^2(t) + \psi'^2(t)]dt^2$$

c.當平面曲線用極坐標方程 $\rho = \rho(\theta), \theta \in I$ 給出時,因為

$$\begin{cases} x = \rho(\theta)\cos\theta \\ y = \rho(\theta)\sin\theta \end{cases}, \theta \in I$$

故由

$$dx = (\rho'(\theta)\cos\theta - \rho(\theta)\sin\theta)d\theta$$
$$dy = (\rho'(\theta)\sin\theta + \rho(\theta)\cos\theta)d\theta$$

可得

$$ds^2 = (\rho^2(\theta) + \rho'^2(\theta))d\theta^2$$

以弧微分作弧長微元,即以 $\sqrt{1+f'^2(x)}dx$ 為被積表達式,區間 I 上作定積分,便可求到弧長.因此,在直角坐標系下,曲線弧段 $y = y(x), (x \in I)$ 的長度為

$$s = \int_{x \in I} \sqrt{1 + f'^2(x)}dx$$

若曲線 C 由方程 $\begin{cases} x = x(t) \\ y = y(t) \end{cases}, (\alpha \le t \le \beta)$ 給出,其中 $x(t), y(t)$ 在 $[\alpha, \beta]$ 上有連續導數,弧長微元為

$$ds = \sqrt{x'^2(t) + y'^2(t)}dt$$

從而得到在參數方程下的平面曲線的弧長公式

$$s = \int_\alpha^\beta \sqrt{x'^2(t) + y'^2(t)}dt$$

這個公式推廣到空間曲線的情形,若空間曲線的弧長的方程為

$$\begin{cases} x = x(t) \\ y = y(t) \\ z = z(t) \end{cases}$$

其中 $x(t), y(t), z(t)$ 在 $[\alpha, \beta]$ 上具有連續導數,則空間曲線的弧長公式為

$$s = \int_\alpha^\beta \sqrt{x'^2(t) + y'^2(t) + z'^2(t)}dt$$

例7 求螺線 $\begin{cases} x = a\cos t \\ y = a\sin t, a > 0, c > 0 \\ z = ct \end{cases}$ 從點 $A(a, 0, 0)$ 到 $B(a, 0, 2\pi c)$ 一段弧的弧長.

解 點 A, B 分別對應於參數 $t = 0, t = 2\pi$，於是由公式 $s = \int_\alpha^\beta \sqrt{x'^2(t) + y'^2(t) + z'^2(t)}\, dt$ 得到

$$s = \int_0^{2\pi} \sqrt{a^2 \sin^2 t + a^2 \cos^2 t + c^2}\, dt = \int_0^{2\pi} \sqrt{a^2 + c^2}\, dt = 2\pi\sqrt{a^2 + c^2}.$$

設有曲線 $C: \vec{r} = \vec{r}(t)$，考慮如下積分

$$s(t) = \int_{t_o}^t \left|\frac{d\vec{r}}{dt}\right| dt,$$

其中 t_o 和 t 分別是 C 上的 p_o 和 p 點所對應的參數，若選取曲線 C 的另一參數變換 $t = t(\bar{t})$，p_o 和 p 兩點所對應的參數分別為 $\bar{t}_o$ 和 $\bar{t}$，則當 $\dfrac{dt}{d\bar{t}} > 0$ 時，有

$$s(\bar{t}) = \int_{\bar{t}_o}^{\bar{t}} |\vec{r}'(\bar{t})|\, d\bar{t} = \int_{\bar{t}_o}^{\bar{t}} \left|\frac{d\vec{r}}{d\bar{t}}\right| d\bar{t} = \int_{\bar{t}_o}^{\bar{t}} \left|\frac{d\vec{r}}{dt}\frac{dt}{d\bar{t}}\right| d\bar{t} = \int_{\bar{t}_o}^{\bar{t}} \left|\frac{d\vec{r}}{dt}\right| \left|\frac{dt}{d\bar{t}}\right| d\bar{t} = \int_{t_o}^t \left|\frac{d\vec{r}}{dt}\right| dt = s(t)$$

這表明積分 $s(t) = \int_{t_o}^t \left|\dfrac{d\vec{r}}{dt}\right| dt$ 只依賴於曲線 C 上的點 p_o 與點 p，而與參數的選取無關。

它是曲線在參數變換下的不變量（或稱不變式），對於曲線 C，由於

$$\frac{ds}{dt} = \left|\frac{d\vec{r}}{dt}\right| > 0,$$

所以 s 與 t 之間的對應是一一對應。若用 s 取代 t 作為曲線 C 的參數，則該參數稱為曲線 C 的自然參數。

對於曲線 $C: \vec{r} = \vec{r}(t)$，當 $t > t_o$ 時，取

$$l(t) = s(t) = \int_{t_o}^t \left|\frac{d\vec{r}(t)}{dt}\right| dt;$$

當 $t < t_o$ 時，取

$$l(t) = |s(t)| = \left|\int_{t_o}^t \left|\frac{d\vec{r}(t)}{dt}\right| dt\right|$$

$l(t)$ 稱為曲線 Γ 從 t_o 到 t 的弧長，其中

$$\left|\frac{d\vec{r}}{dt}\right| = \sqrt{\left(\frac{dx(t)}{dt}\right)^2 + \left(\frac{dy(t)}{dt}\right)^2 + \left(\frac{dz(t)}{dt}\right)^2}$$

是切向量 $\dfrac{d\vec{r}}{dt}$ 的長度。

根據上述可知，自然參數實質上是弧長參數，只不過在 $t < t_o$ 時，弧長是自然參數值的相反數。

由 $s(t) = \int_{t_o}^t \left|\dfrac{d\vec{r}}{dt}\right| dt$ 可得

$$ds = |\vec{r}'(t)|dt$$
$$ds^2 = \vec{r}'^2(t)dt^2 = d\vec{r}^2$$
$$ds^2 = dx^2 + dy^2 + dz^2$$

推出

$$|\vec{r}'(s)| = \left|\frac{d\vec{r}}{ds}\right| = 1$$

也就是說,引進自然參數 s 後,切向量 $\vec{r}'$ 是單位向量,稱為單位切向量.

約定:在一個量(向量)上加幾點,就表示對曲線的弧長參數求幾階導數,例如:
$\dot{\vec{r}} = \dfrac{d\vec{r}}{ds}$, $\ddot{\vec{r}} = \dfrac{d^2\vec{r}}{ds^2}$,……

第四節　曲線的曲率

關於曲線的曲率的定義及應用在現實生活中有著重要的地位.隨著科學技術越來越發達,曲線的曲率也會出現在越來越多的領域中.曲線上各點處的彎曲程度是描述曲線局部形態的一個重要標誌,曲率就是這一特徵的反應.

一、空間曲線的曲率

設給定的空間曲線 $\Gamma: \vec{r} = \vec{r}(s)$ 是 C^3 類曲線,其中 s 為曲線的自然參數,在其上賦予 Frenet 標架 $[\vec{r}(s); \vec{\alpha}(s), \vec{\beta}(s), \vec{\gamma}(s)]$,則參數 s 的變化導致標架基本向量的變化,而標架的變化刻畫出曲線 Γ 在一點鄰近的形狀.

$|\dot{\vec{\alpha}}| = |\ddot{\vec{r}}|$ 是 $\vec{\alpha}(s)$ 對 s 的旋轉速度,它刻畫出 Γ 在 s 點鄰近的彎曲程度.

對於曲線 $\Gamma: \vec{r} = \vec{r}(s)$,稱 $k(s) = |\ddot{\vec{r}}(s)|$ 為曲線 Γ 在 s 點的曲率,當 $k(s) \neq 0$ 時,其倒數 $\rho(s) = \dfrac{1}{k(s)}$ 稱為曲線 Γ 在 s 點的曲率半徑.

註:曲率 $k(s)$ 為 $\vec{\alpha}$ 對 s 的旋轉速度,並且 $\dot{\vec{\alpha}}(s) = k(s)\vec{\beta}(s)$.事實上,$\dot{\vec{\alpha}} = \ddot{\vec{r}}$,$|\ddot{\vec{r}}|\dfrac{\ddot{\vec{r}}}{|\ddot{\vec{r}}|} = |\vec{\alpha}|\vec{\beta} = k\vec{\beta}$.

定理 4.1　空間曲線 $\Gamma: \vec{r} = \vec{r}(s)$ 為直線的充分必要條件是其曲率 $k(s) \equiv 0$.

證明　若 Γ 為直線 $\vec{r}(s) = s\vec{a} + \vec{b}$,其中 $\vec{a}$ 和 $\vec{b}$ 都是常量,並且 $|\vec{a}| = 1$,則 $k(s) =$

$|\overset{\cdot\cdot}{r}(s)|=0$；反之，若 $k(s)=|\overset{\cdot\cdot}{r}(s)|\equiv 0$，則 $\overset{\cdot\cdot}{r}(s)\equiv\vec{o}$，兩次積分後有 $\vec{r}(s)=s\vec{a}+\vec{b}$，所以該曲線是直線．

設曲線 Γ 的一般參數表示為 $\vec{r}=\vec{r}(t)$，則有

$$\vec{r}'(t)=\frac{d\vec{r}}{ds}\frac{ds}{dt}=\overset{\cdot}{\vec{r}}\frac{ds}{dt},\quad \vec{r}''(t)=\overset{\cdot\cdot}{\vec{r}}\left(\frac{ds}{dt}\right)^2+\overset{\cdot}{\vec{r}}\frac{d^2s}{dt^2}$$

於是

$$\vec{r}'\times\vec{r}''=\overset{\cdot}{\vec{r}}\frac{ds}{dt}\times\left[\overset{\cdot\cdot}{\vec{r}}\left(\frac{ds}{dt}\right)^2+\overset{\cdot}{\vec{r}}\frac{d^2s}{dt^2}\right]=\overset{\cdot}{\vec{r}}\times\overset{\cdot\cdot}{\vec{r}}\left(\frac{ds}{dt}\right)^3$$

$$|\vec{r}'\times\vec{r}''|=|\overset{\cdot}{\vec{r}}||\overset{\cdot\cdot}{\vec{r}}|\sin<\overset{\cdot}{\vec{r}},\overset{\cdot\cdot}{\vec{r}}>\left(\frac{ds}{dt}\right)^3$$

因為 $|\overset{\cdot}{\vec{r}}|=1,\overset{\cdot}{\vec{r}}\perp\overset{\cdot\cdot}{\vec{r}},\frac{ds}{dt}=|\vec{r}'|$，所以 $|\vec{r}'\times\vec{r}''|=k|\vec{r}'|^3$．由此得到曲率的一般參數表達式

$$k=\frac{|\vec{r}'\times\vec{r}''|}{|\vec{r}'|^3} \tag{4-4}$$

設給定空間曲線 Γ，在其上一點 $p(s)$ 的主法向量的正側取線段 pc，使得 pc 的長度為 $\rho=\frac{1}{k}$，以點 C 為圓心，以 ρ 為半徑在點 $p(s)$ 的密切平面上確定一個圓，則這個圓稱為曲線 Γ 在點 $p(s)$ 的曲率圓(密切圓)，曲率圓的圓心稱為曲率中心，曲率圓的半徑稱為曲率半徑．

例 1 試求圓柱螺線 $\vec{r}=(a\cos t,a\sin t,bt)(-\infty<t<+\infty,a>0,b\neq 0)$，$a$、$b$ 均為常數的曲率．

解 因為 $\vec{r}=(a\cos t,a\sin t,bt)$，所以

$$\vec{r}'=(-a\sin t,a\cos t,b),\ \vec{r}''=(-a\cos t,-a\sin t,0),\ \vec{r}'''=(a\sin t,-a\cos t,0)$$

因此

$$|\vec{r}'|=\sqrt{a^2+b^2},\ \vec{r}'\times\vec{r}''=(ab\sin t,-ab\cos t,a^2),\ |\vec{r}'\times\vec{r}''|=\sqrt{a^2b^2+a^4}$$

將以上各式代入曲率的公式，可得

$$k=\frac{|\vec{r}'\times\vec{r}''|}{|\vec{r}'|^3}=\frac{a}{a^2+b^2}$$

所以圓柱螺線的曲率是常數．

例 2 求曲線 $C:\begin{cases}x^2+y^2+z^2=1\\ x^2+y^2=x\end{cases}$ 在 $(0,0,1)$ 處的曲率 k．

解 曲線 C 是球面和圓柱面的交線，由兩部分組成，我們所考慮的點落在上半

球面內.解此題的方法有兩種:一種方法是把該曲線在點(0,0,1)的鄰域內的部分用參數方程表示出來,然後可以把曲線用參數方程表示為

$$\vec{r}(t) = \left(\frac{1}{2} + \frac{1}{2}\cos t, \frac{1}{2}\sin t, \sqrt{\frac{1}{2} - \frac{1}{2}\cos t}\right)$$

點(0,0,1)對應於參數 $t = \pi$.但是,有時候用參數方程表示兩個曲面的交線比較複雜,涉及解函數方程.因此,我們在此介紹第二種方法:

假設曲線的參數方程是 $\vec{r}(s) = [x(s), y(s), z(s)]$,其中 s 是弧長參數,並且 $s = 0$ 對應於點(0,0,1).因此,函數 $x(s), y(s), z(s)$ 滿足下列方程組

$$\begin{cases} x^2(s) + y^2(s) + z^2(s) = 1 \\ x^2(s) + y^2(s) - x(s) = 0 \\ (x'(s))^2 + (y'(s))^2 + (z'(s))^2 = 1 \end{cases} \quad (4-5)$$

將(4-5)式中的前兩式關於 s 求導得到

$$\begin{cases} x(s)x'(s) + y(s)y'(s) + z(s)z'(s) = 0 \\ 2x(s)x'(s) + 2y(s)y'(s) - x'(s) = 0 \end{cases} \quad (4-6)$$

再令 $s = 0$ 得到 $z'(0) = 0, x'(0) = 0$,故 $[y'(0)]^2 = 1$,不妨取 $y'(0) = 1$,則

$$\vec{\alpha}(0) = \vec{r}'(0) = (0,1,0) \quad (4-7)$$

將(4-5)式的第三式和(4-6)式關於 s 求導得到

$$\begin{cases} x'(s)x''(s) + y'(s)y''(s) + z'(s)z''(s) = 0 \\ x(s)x''(s) + y(s)y''(s) + z(s)z''(s) = -1 \\ x(s)x''(s) + y(s)y''(s) + (x'(s))^2 + (y'(s))^2 = \frac{1}{2}x''(s) \end{cases} \quad (4-8)$$

令 $s = 0$ 得到

$$y''(0) = 0, z''(0) = -1, x''(0) = 2$$

即

$$\vec{r}''(0) = (2, 0, -1)$$

由定義得知

$$k(0) = |\vec{r}''(0)| = \sqrt{5}$$

二、平面曲線的曲率

在工程技術中,常常需要考慮曲線的彎曲程度,例如,在設計高速公路及鐵路的彎道時,必須考慮彎道處的彎曲度;在房屋建造中的房梁,機床的轉軸等,它們在荷載作用下要產生彎曲變形,在設計時對它們的彎曲程度要有一定限制,這就要定量地研究它們的彎曲程度,數學上常用「曲率」這一概念來描述曲線的彎曲程度(如圖4-6所示).

考察4-6由參數方程 $\begin{cases} x = x(t) \\ y = y(t) \end{cases}$, $t \in [\alpha, \beta]$ 給出的光滑曲線 C,我們看到弧段

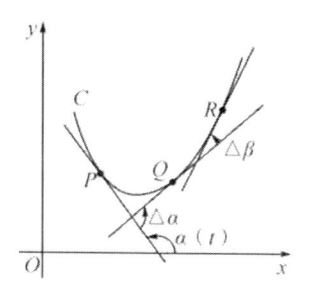

$\overparen{PQ}$ 與 $\overparen{QR}$ 的長度相差不多,而其彎曲程度卻很不一樣.這反應為當動點沿曲線 C 從點 P 移至 Q 時,切線轉過的角度 $\Delta\alpha$ 比動點 Q 移至 R 時,切線轉過的角度 $\Delta\beta$ 要大得多.

設 $\alpha(t)$ 表示曲線在點 $P(x(t),y(t))$ 處切線的傾角,$\Delta\alpha = \alpha(t+\Delta t) - \alpha(t)$ 表示動點由 P 曲線移至 $Q(x(t+\Delta t),y(t+\Delta t))$ 時切線傾角的增量.若 $\overparen{PQ}$ 之長為 Δs,則稱 $k = \left|\dfrac{\Delta\alpha}{\Delta s}\right|$ 為弧段 $\overparen{PQ}$ 的平均曲率.如果存在極限 $k = \left|\lim\limits_{\Delta t \to 0}\dfrac{\Delta\alpha}{\Delta s}\right| = \left|\lim\limits_{\Delta s \to 0}\dfrac{\Delta\alpha}{\Delta s}\right| = \left|\dfrac{d\alpha}{ds}\right|$,則稱此極限 k 為曲線 C 在點 P 處的曲率.

由於假設 C 為光滑曲線,故總有

$$\alpha(t) = \arctan\frac{y'(t)}{x'(t)} \text{ 或 } \alpha(t) = \operatorname{arccot}\frac{x'(t)}{y'(t)}$$

又若 $x(t)$ 與 $y(t)$ 二階可導,則由弧微分 $ds = \sqrt{ds^2 + dy^2}$ 可得

$$\frac{d\alpha}{ds} = \frac{\alpha'(t)}{s'(t)} = \frac{x'(t)y''(t) - x''(t)y'(t)}{[x'^2(t) + y'^2(t)]^{\frac{3}{2}}}$$

所以曲率計算公式為

$$k = \frac{|x'y'' - x''y'|}{(x'^2 + y'^2)^{\frac{3}{2}}} \qquad (4-9)$$

若曲線由 $y = f(x)$ 表示,則相應的曲率公式為

$$k = \frac{|y''|}{(1 + y'^2)^{\frac{3}{2}}} \qquad (4-10)$$

例 3 求橢圓 $\begin{cases} x = a\cos t \\ y = b\sin t \end{cases}$,$(0 \le t \le 2\pi)$ 上曲率最大和最小的點.

解 由於

$$x' = -a\sin t, x'' = -a\cos t, y' = b\cos t, y'' = -b\sin t$$

因此由(4-4)式得橢圓上任意點處的曲率為

$$k = \frac{ab}{(a^2\sin^2 t + b^2\cos^2 t)^{\frac{3}{2}}} = \frac{ab}{[(a^2 - b^2)\sin^2 t + b^2]^{\frac{3}{2}}}$$

當 $a > b > 0$ 時，在 $t = 0$、π（長軸端點）處曲率最大，而在 $t = \dfrac{\pi}{2}$、$\dfrac{3\pi}{2}$（短軸端點）處曲率最小，且 $k_{max} = \dfrac{a}{b^2}, k_{min} = \dfrac{b}{a^2}$.

若 $a = b = R$，橢圓成為圓時，顯然有 $k = \dfrac{1}{R}$，即在圓上各點處的曲率相同，其值為半徑的倒數。

例 4 拋物線 $y = ax^2 + bx + c$ 上哪一點的曲率最大？

解 由於 $y' = 2ax + b, y'' = 2a$，因此由（4-5）式得橢圓上任意點處的曲率為
$$k = \dfrac{|2a|}{[1 + (2ax + b)^2]^{3/2}}$$

$k_{max} = |2a|$，這時 $2ax + b = 0, x = -\dfrac{b}{2a}$，即在點 $\left(-\dfrac{b}{2a}, -\dfrac{b^2 - 4ac}{4a}\right)$ 處曲率最大，因為 $y = a(x^2 + \dfrac{bx}{a} + \dfrac{c}{a}) = a[(x + \dfrac{b}{2a})^2 + \dfrac{4ac - b^2}{4a^2}]$，所以這一點恰是拋物線的頂點。

例 5 如果光滑曲線以極坐標形式給出，試導出它的曲率計算公式。

解 設曲線的極坐標方程為 $\rho = p(\theta)$，相應的參數方程是 $\begin{cases} x = \rho(\theta)cos\theta \\ y = \rho(\theta)sin\theta \end{cases}$

將 $\begin{cases} x' = \rho'(\theta)cos\theta - \rho(\theta)sin\theta \\ y' = \rho'(\theta)sin\theta + \rho(\theta)cos\theta \end{cases}$、$\begin{cases} x'' = \rho''(\theta)cos\theta - 2\rho'(\theta)sin\theta - \rho(\theta)cos\theta \\ y'' = \rho''(\theta)sin\theta + 2\rho'(\theta)cos\theta - \rho(\theta)sin\theta \end{cases}$ 代入參數方程下的曲率公式

$k = \dfrac{|x'y'' - x''y'|}{|x'^2 + y'^2|^{\frac{3}{2}}}$ 中並化簡，得極坐標方程表示下的曲率公式 $k = \dfrac{\rho^2(\theta) + 2\rho'^2(\theta) - \rho(\theta)\rho''(\theta)}{[\rho^2(\theta) + \rho'^2(\theta)]^{\frac{3}{2}}}$.

在研究許多問題時，在曲線 $\Gamma: y = f(x)$ 的某一點 $M_0(x_0, y_0)$ 附近用一段圓弧 $y = \phi(x)$ 去近似地代替它會帶來很多好處，顯然代替時，有如下要求：

（1）圓弧與曲線都通過點，即 $\phi(x_0) = f(x_0)$；

（2）圓弧與曲線在點 (x_0, y_0) 有公共切線，即 $\phi'(x_0) = f'(x_0)$；

（3）圓弧與曲線在點 (x_0, y_0) 有相同的彎曲方向與彎曲程度，即 $\dfrac{|\phi''(x_0)|}{[1 + \phi'^2(x_0)]^{3/2}} = \dfrac{|f''(x_0)|}{[1 + f'^2(x_0)]^{3/2}}$，且 $\phi''(x_0)$ 與 $f''(x_0)$ 同號，因而 $\phi''(x_0) = f''(x_0)$.

滿足上述三個條件的圓弧所在的圓稱為曲線 Γ 在點 M_0 處的密切圓或曲率圓。

由於密切圓與曲線在點 M_0 處有公共切線，所以密切圓的圓心位於曲線在 M_0 處的法線指向凹向的一側。

密切圓的半徑是它的曲率的倒數

$$R = \frac{1}{k} = \frac{[1+f'^2(x_0)]^{3/2}}{|f''(x_0)|}$$

設密切圓的方程是$(x-a)^2+(y-b)^2=R^2$,求一、二階導數$\begin{cases} x-a+(y-b)y'=0 \\ 1+y'^2+(y-b)y''=0 \end{cases}$.

由於有上述三個條件,以 n 代入密切圓的一、二階導數裡得

$$\begin{cases} x_0 - a + [f(x_0) - b]f'(x_0) = 0 \\ 1 + f'^2(x_0) + [f(x_0) - b]f''(x_0) = 0 \end{cases}$$

由此可解得

$$\begin{cases} a = x_0 - f'(x_0) \dfrac{1+f'^2(x_0)}{f''(x_0)} \\ b = y_0 + \dfrac{1+f'^2(x_0)}{f''(x_0)} \end{cases}$$

稱(a,b)為曲線 Γ 在點 M_0 處的曲率中心.

三、曲率的相關應用

曲率是用來刻畫曲線的彎曲程度.直觀上,當一點沿曲線以單位速度進行運動時,方向向量轉動的快慢反應了曲線的彎曲程度.半徑小的圓比半徑大的圓彎曲得厲害.曲率在工程技術、自然科學和日常生活中有著重要的作用.

例6 設鐵軌的直道為 x 軸上的 BO 段,從點 O 處開始拐彎,如圖4-7所示拋物線 $y = bx^2$(b 為正常數)中 $0 < x < a$ 的一段作為轉向曲線會有什麼問題? 如何改進?

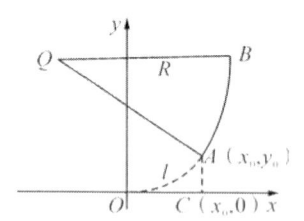

圖4-7 鐵軌示意圖

解 如果用拋物線 $y = bx^2$ 的一段作為轉向曲線,則鐵軌的函數方程為

$$y(x) = \begin{cases} 0, & x \leq 0 \\ bx^2, & 0 < x \leq a \end{cases}$$

由於$\lim\limits_{x \to 0^-} y' = 0, \lim\limits_{x \to 0^+} y' = \lim\limits_{x \to 0^+} 2bx = 0$,因而函數 $y = y(x)$ 在 $x = 0$ 附近時為光滑曲線(即鐵軌在這一段是光滑的).但是,由於$\lim\limits_{x \to 0^-} y'' = 0, \lim\limits_{x \to 0^+} y'' = \lim\limits_{x \to 0^+} 2b \neq 0$,即函數 $y = y(x)$ 在 $x = 0$ 左右二階導數不相等,這意味著曲線 $y = y(x)$ 在 $x = 0$ 處的曲率有突變.根據力學的知識,物體做曲線運動時,其慣性力大小的計算公式為 $F = mv^2/r$(F 為物體在曲線上某點時所受的向心力大小,m 為物體的質量,v 為物體在其相應點時的速度,r 為此時所做圓周運動半徑),如果將 $1/r$ 換成 k,得到 $F = kmv^2$.因此,曲率的突變引起了

慣性力的突變.這樣火車在通過這一路段時,會產生劇烈振動.

為了避免慣性力的突變,就應該要求曲線在點 O 處的曲率由零逐漸變大.由於立方拋物線 $y = bx^3$ 在 $x = 0$ 處的二階導數為零,因此如果以立方拋物線 $y = bx^3$ 作為轉向曲線就能滿足曲率由零逐漸變大這個要求.

例7 設工件內表面的截線為拋物線 $y = 0.4x^2$,現在要用砂輪磨削其內表面,問用直徑多大的砂輪才比較合適?

解 為了在磨削時不使砂輪與工件接觸附近的那部分工件被磨去太多,砂輪的半徑應小於或等於拋物線上各點處曲率半徑中的最小值.拋物線在其頂點的曲率最大,也就是說拋物線在其頂點處的曲率半徑最小.因此需要先求出拋物線 $y = 0.4x^2$ 在頂點 $O(0,0)$ 處的曲率.

由於 $y' = 0.8x, y'' = 0.8$;從而有 $y'|_{x=0} = 0, y''|_{x=0} = 0.8$.將他們代入公式 $k = \frac{|y''|}{(1 + y'^2)^{3/2}}$ 得 $k_{(0,0)} = 0.8$,因而求得拋物線在頂點處的曲率半徑 $R = \frac{1}{k} = 1.25$.

所以選用砂輪的半徑不得超過 1.25 個單位長,即直徑不得超過 2.50 個單位長.故選用的砂輪的半徑不應超過工件內表面的截線上各點處的曲率半徑中的最小值.

例8 設工件內表面的截痕為一橢圓,現要用砂輪磨削其內表面,問選擇多大的砂輪比較合適?

解 設橢圓方程為 $\begin{cases} x = a\cos t \\ y = b\sin t \end{cases} (0 \leq t \leq 2\pi, b \leq a)$,橢圓在 $(\pm a, 0)$ 處曲率最大,即曲率半徑最小,且為 $R = \frac{(a^2\sin^2 t + b^2\cos^2 t)^{3/2}}{ab} = \frac{b^2}{a}$.顯然,砂輪半徑不超過 b^2/a 時,才不會產生過量磨損或有的地方磨不到的問題.

例9 汽車連同載重 $5t$,在拋物線拱橋上行駛,速度為 $21.6 km/h$,橋的跨度為 $10m$,拱高 $0.25m$,求汽車越過橋頂時對橋的壓力?

解 設拋物線拱橋的兩端在 x 軸上,頂端在 y 軸上,並設拱橋的拋物線的方程為 $y = ax^2 + bx + c$.

由於拋物線過 $(5,0)$ 和 $(0, 0.25)$ 兩點,故可求得拋物線方程為 $y = -0.01x^2 + 0.25$.對所求的拋物線方程分別進行一階和二階求導得;$y' = -0.02x, y'' = -0.02$.則此拋物線在任意點處的曲率 $k = \frac{|y''|}{|1 + y'^2|} = \frac{0.02}{(1 + 0.000,4x^2)^{\frac{3}{2}}}$.故在橋頂 $(0, 0.25)$ 處的曲率 $k_{0,0.25} = 0.02$,此時曲率半徑為 $R = \frac{1}{k_{0.025}} = 50$ 米,由物理學力學知,汽車在橋頂處的向心力 $F_{向心力} = \frac{mv^2}{R} = 3,600N$,又汽車連同載重 $5t$,所以汽車越過橋頂時對橋的壓力 $F_N = 5 \times 10^3 g - 3,600 = 45,400N.$ (其中 $g = 10kgm/s^2$)

例10 一架飛機沿拋物線 $y = \frac{x^2}{2,000} + 1$ 的軌道向地面俯衝,在點 $(0,1)$ 處的速

97

度為 $600m/s$，飛行員的體重為 $75kg$，求飛行員經過點 $(0,1)$ 時飛行員對座椅的壓力？

解 因拋物線 $y = \dfrac{x^2}{2,000} + 1$，故 $y' = \dfrac{x}{1,000}, y'' = \dfrac{1}{1,000}$，則飛機在點 $(0,1)$ 處的曲率 $k = \dfrac{1}{1,000}$，即在點 $(0,1)$ 處飛行員作半徑為 $r = 1,000m$ 的圓周運動，此時飛行員所受到的向心力 $F = mv^2/r = 27,000N$，故飛行員對座椅的壓力 $F_N = F + G = 27,750N$。（其中 $G = mg = 750N$）

習題四

1. 設點 $A(1,2,3), B(2,-1,4)$，求線段 AB 的垂直平分面的方程．
2. 方程 $x^2 + y^2 + z^2 - 2x + 4y = 0$ 表示怎樣的曲面？
3. 設點 A 位於第一卦限，向徑 $\overrightarrow{OA}$ 與 x 軸 y 軸的夾角依次為 $\dfrac{\pi}{3}, \dfrac{\pi}{4}$，且 $|\overrightarrow{OA}| = 6$，求點 A 的坐標．
4. 已知三點 $M(1,1,1), A(2,2,1), B(2,1,2)$，求 $\angle AMB$．
5. 證明三點 $A(1,1,1), B(4,5,6), C(2,3,3)$ 共面．
6. 求通過 x 軸和點 $(4,-3,-1)$ 的平面方程．
7. 一平面通過兩點 $M_1(1,1,1)$ 和 $M_2(0,1,-1)$，且垂直於平面 $\alpha: x + y + z = 0$，求其方程．
8. 用對稱式及參數式表示直線 $\begin{cases} x + y + z + 1 = 0 \\ 2x - y + 3z + 4 = 0 \end{cases}$．
9. 求下列曲線的弧長：

   (1) $y = x^{\frac{3}{2}}, 0 \leq x \leq 4$；

   (2) $x = a\cos^3 t, y = a\sin^3 t\ (a > 0), 0 \leq t \leq 2\pi$；

   (4) $x = a(\cos t + t\sin t), y = a(\sin t - t\cos t)\ (a > 0), 0 \leq t \leq 2\pi$；

   (5) $r = a\sin^3 \dfrac{\theta}{3}\ (a > 0), 0 \leq \theta \leq 3\pi$．

10. 計算曲線 $y = \ln x + x$ 在原點處的曲率．
11. 對數曲線 $y = \ln x$ 上哪一點處的曲率半徑最小？求出該點處的曲率半徑．
12. 設一個工件內表面的截線為拋物線 $y = 0.4x^2$，現在要用砂輪磨削其內表面，問用直徑多大的砂輪比較合適？

第五章　　差分方程

引言:隨著經濟的發展,金融問題越來越多地進入普通市民的生活,貸款、保險、養老金和信用卡等都涉及金融問題,個人住房抵押貸款是其中較為重要的一項.2016年2月29日中國人民銀行公布了新的存、貸款利率水平,其中貸款基準利率如表5-1所示:

表5-1　　　　　　　　　中國人民銀行貸款利率表

貸款	利率百分比(%)
六個月內	4.35
六個月至一年	4.35
一年至三年	4.75
三年至五年	4.75
五年以上	4.90
個人住房公積金貸款	利率百分比(%)
五年以下	2.75
五年以上	3.25

其後,上海商業銀行對個人住房商業性貸款利率做出相應調整.表5-2和表5-3分別列出了上海市個人住房商業抵押貸款年利率和商業抵押貸款(萬元)還款額的部分數據(僅列出了五年).

表5-2　　　　　　　　上海市商業銀行住房抵押貸款利率表

項目	年利率(%)
一、短期貸款	
一年以內(含一年)	4.35
二、中長期貸款	
一年至五年(含五年)	4.75
五年以上	4.90

表 5-3　　　　上海市商業銀行住房抵押貸款分期付款表　　　　單位：元

貸款期限	一年	二年	三年	四年	五年
月還款	一次還清	4,375.95	2,985.88	2,291.62	1,875.69
本息總和	1,043,500.00	105,022.83	107,491.61	109,997.85	112,541.47

我們以商業貸款 100,000 元為例,一年期貸款的年利率為 4.35%,到期一次還本付息總計 104,350.00 元,這很容易理解.然而二年期貸款的年利率為 4.75%,月還款數 4,375.95 元為本息和的二十四分之一,這最後一個數字究竟是怎樣產生的? 是根據本息總額算出月還款額,還是恰好相反?

差分方程反應的是關於離散變量的取值與變化規律.通過建立一個或幾個離散變量取值所滿足的平衡關係,從而建立差分方程.本章介紹差分方程的基本概念以及特徵值解法,在此基礎上介紹差分方程在經濟上的一些簡單應用.

第一節　　差分方程的基礎知識

一、基本概念

1. 差分算子

設數列 $\{x_n\}$,定義差分算子

$$\Delta : \Delta x_n = x_{n+1} - x_n$$

為 x_n 在 n 處的向前差分.類似地定義

$$\Delta x_n = x_n - x_{n-1}$$

為 x_n 在 n 處的向後差分.後面我們提到的差分都是指向前差分.

已知 Δx_n 是 n 的函數.

定義 Δx_n 的差分:

$$\Delta(\Delta x_n) = \Delta^2 x_n$$

稱 $\Delta^2 x_n$ 為 x_n 在 n 處的二階差分,它反應是 x_n 的增量的增量.
類似可定義在 n 處的 k 階差分為:

$$\Delta^k x_n = \Delta[\Delta^{k-1}(x_n)]$$

2. 差分算子、不變算子、平移算子

記 $E(x_n) = x_{n+1}$, $I(x_n) = x_n$,稱 E 為平移算子,I 為不變算子.
則有:$\Delta x_n = E(x_n) - I(x_n) = (E - I)x_n$,因此 $\Delta = E - I$.
由上述關係可得:

$$\Delta^k x_n = (E - I)^k x_n = \sum_{i=0}^{k} (-1)^{k-i} C_k^i E^i x_n = \sum_{i=0}^{k} (-1)^{k-i} C_k^i x_{n+i} \quad (5-1)$$

(5-1) 式表明 x_n 在 n 處的 k 階差分可以由 x_n 在 $n, n+1, \ldots n+k$ 處的取值所線性

決定.

反之,

由 $\Delta x_n = x_{n+1} - x_n$ 得 $x_{n+1} = x_n + \Delta x_n$；

$\Delta^2 x_n = x_{n+2} - 2x_{n+1} + x_n$, 得 $x_{n+2} = 2x_{n+1} - x_n + \Delta^2 x_n$,

這個關係表明:第 $n+2$ 項可以用前兩項以及相鄰三項增量的增量來表現和計算.即一個數列的任意一項都可以用其前面的 k 項和包括這項在內的 $k+1$ 項增量的增量的增量 …… 第 k 層增量所構成.

……

$$\Delta^k x_n = \sum_{i=0}^{k-1} (-1)^{k-i} C_k^i x_{n+i} + x_{n+k},$$

得

$$x_{n+k} = -\sum_{i=0}^{k-1} (-1)^{k-i} C_k^i x_{n+i} + \Delta^k x_n \qquad (5-2)$$

由 (5-2) 式可以看出：

x_{n+k} 可以由 $x_n, \Delta x_n, \ldots, \Delta^k x_n$ 的線性組合表示出來.

3. 差分方程

由 x_n 以及它的差分所構成的方程

$$\Delta^k x_n = f(n, x_n, \Delta x_n, \ldots, \Delta^{k-1} x_n) \qquad (5-3)$$

稱之為 k 階差分方程.

由 (5-1) 式可知 (5-3) 式可化為

$$x_{n+k} = F(n, x_n, x_{n+1}, \ldots, x_{n+k-1}) \qquad (5-4)$$

故 (5-4) 也稱為 k 階差分方程(反應的是未知數列 x_n 任意一項與其前面 k 項之間的關係).

由 (5-1) 和 (5-2) 可知, (5-3) 和 (5-4) 是等價的.後面我們所提到的差分方程的形式是 (5-4) 式.

二、差分方程的解與有關概念

1. 如果存在 x_n 使 k 階差分方程 (5-4) 對所有的 n 成立,則稱 x_n 為方程 (5-4) 的解.

2. 如果 $x_n = \bar{x}$ ($\bar{x}$ 為常數) 是 (5-4) 的解,即

$$\bar{x} = F(n, \bar{x}, \ldots, \bar{x})$$

則稱 $x_n = \bar{x}$ 為 (5-4) 的平衡解或叫平衡點.注意平衡解可能不止一個.平衡解的基本意義是:設 x_n 是 (5-4) 的解,考慮 x_n 的變化形態,其中之一是極限狀況,如果 $\lim_{n \to \infty} x_n = \bar{x}$,則方程 (5-4) 兩邊取極限 ($\bar{x}$ 的存在性),可以得到 $\bar{x} = F(n, \bar{x}, \ldots, \bar{x})$.

3. 如果 (5-4) 的解 x_n 使得 $x_n - \bar{x}$ 最終既不是正的,也不是負的,則稱 x_n 為關於平衡點 $\bar{x}$ 是振動解.

4. 如果令:$y_n = x_n - \bar{x}$,則方程(5-4)會變成
$$y_{n+k} = G(n, y_n, \ldots, y_{n+k-1}) \qquad (5-5)$$
則 $y = 0$ 成為(5-5)的平衡點.

5. 如果(5-5)的所有解是關於 $y = 0$ 振動的,則稱 k 階差分方程(5-5)是振動方程.如果(5-5)的所有解是關於 $y = 0$ 非振動的,則稱 k 階差分方程(5-5)是非振動方程.

6. 如果(5-5)有解 y_n,使得對任意大的 N_y 有 $\sup\limits_{n \geq N_y} |y_n| > 0$,則稱 y_n 為正則解.(即不會從某項後全為零)

7. 如果方程(5-4)的解 x_n 使得 $\lim\limits_{n \to \infty} x_n = \bar{x}$,則稱 x_n 為穩定解.

三、差分算子的若干性質

(1) $\Delta(\alpha x_n + \beta y_n) = \alpha \Delta(x_n) + \beta \Delta y_n$

(2) $\Delta(\dfrac{x_n}{y_n}) = \dfrac{1}{y_{n+1} y_n}(y_n \Delta x_n - x_n \Delta y_n)$

(3) $\Delta(x_n y_n) = y_{n+1} \Delta x_n + x_n \Delta y_n$

(4) $\sum\limits_{k=a}^{b} y_{k+1} \Delta x_k = x_{b+1} y_{b+1} - x_a y_a + \sum\limits_{k=a}^{b} x_k \Delta y_k$

(5) $x_n = E^n x_0 = (\Delta + I)^n x_0 = \sum\limits_{i=0}^{n} C_n^i \Delta^i x_0$

第二節　差分方程的求解

一、常系數線性差分方程的解

形如
$$a_0 x_{n+k} + a_1 x_{n+k-1} + \ldots + a_k x_n = b(n) \qquad (5-8)$$
($a_0, a_1, \ldots, a_k$ 為常數)的方程,稱為 k 階常系數線性差分方程.
特別地,若 $b(n) = 0$,則稱
方程
$$a_0 x_{n+k} + a_1 x_{n+k-1} + \ldots + a_k x_n = 0 \qquad (5-9)$$
稱為方程(5-8)對應的 k 階常系數齊次線性差分方程.

如果(5-9)有形如 $x_n = \lambda^n$ 的解,帶入方程中可得:
$$a_0 \lambda^k + a_1 \lambda^{k-1} + \ldots + a_{k-1} \lambda + a_k = 0 \qquad (5-10)$$
稱方程(5-10)為方程(5-8)、(5-9)的特徵方程.

顯然,如果能求出特徵方程(5-10)的根,則可以得到方程(5-9)的解.方程(5-10)的根的具體情形如下:

(1) 若方程(5-10)有 k 個不同的實根,則方程(5-9)有通解:
$$x_n = c_1\lambda_1^n + c_2\lambda_2^n + \ldots + c_k\lambda_k^n$$

(2) 若方程(5-10)有 m 重根 λ,則方程(5-9)的通解中有構成項:
$$(\bar{c}_1 + \bar{c}_2 n + \ldots + \bar{c}_m n^{m-1})\lambda^n$$

(3) 若方程(5-10)有一對單復根 $\lambda = \alpha \pm i\beta$,令:$\lambda = \rho e^{\pm i\varphi}, \rho = \sqrt{\alpha^2 + \beta^2}, \varphi = arctan\dfrac{\beta}{\alpha}$,則方程(5-9)的通解中有構成項:
$$\bar{c}_1 \rho^n cos\varphi n + \bar{c}_2 \rho^n sin\varphi n$$

(4) 若方程(5-10)有 m 重複根:$\lambda = \alpha \pm i\beta, \lambda = \rho e^{\pm i\varphi}$,則方程(5-9)的通項中有構成項:
$$(\bar{c}_1 + \bar{c}_2 n + \ldots + \bar{c}_m n^{m-1})\rho^n cos\varphi n + (\bar{c}_{m+1} + \bar{c}_{m+2} n + \ldots + \bar{c}_{2m} n^{m-1})\rho^n sin\varphi n$$

綜上所述,由於方程(5-10)恰有 k 個根,從而構成方程(5-9)的通解中必有 k 個獨立的任意常數.通解可記為:$\bar{x}_n$.

如果能得到方程(5-8)的一個特解:x_n^*,則(5-8)必有通解:
$$x_n = \bar{x}_n + x_n^* \tag{5-11}$$

其中方程(5-8)的特解可通過待定系數法來確定.

例如,如果 $b(n) = b^n p_m(n), p_m(n)$ 為 n 的多項式,則當 b 不是特徵根時,可設成形如 $b^n q_m(n)$ 形式的特解,其中 $q_m(n)$ 為 m 次多項式;如果 b 是 r 重根時,可設特解:$b^n n^r q_m(n)$,將其代入(5-8)中確定出系數即可.

例1 設差分方程 $x_{n+2} + 3x_{n+1} + 2x_n = 0, x_0 = 0, x_1 = 1$,求 x_n.

解 特徵方程為 $\lambda^2 + 3\lambda + 2 = 0$,有根:$\lambda_1 = -1, \lambda_2 = -2$.

故:$x_n = c_1(-1)^n + c_2(-2)^n$ 為方程的解.

由條件 $x_0 = 0, x_1 = 1$ 得:$x_n = (-1)^n - (-2)^n$.

二、二階線性差分方程組

設 $z(n) = \begin{pmatrix} x_n \\ y_n \end{pmatrix}, A = \begin{pmatrix} a & b \\ c & d \end{pmatrix}$,形成向量方程組

$$z(n+1) = Az(n) \tag{5-12}$$

易知

$$z(n+1) = A^n z(1) \tag{5-13}$$

顯然(5-13)為(5-12)的解.

為了具體求出解(5-13),需要求出 A^n,可以用高等代數的方法計算.常用的方法有:

(1) 如果 A 為正規矩陣,則 A 必可相似於對角矩陣,對角線上的元素就是 A 的特徵值,相似變換矩陣由 A 的特徵向量構成;

$$A = p^{-1}\Lambda p, A^n = p^{-1}\Lambda^n p, \therefore z(n+1) = (p^{-1}\Lambda^n p)z(1).$$

(2) 將 A 分解成 $A = \xi\eta^T, \xi, \eta$ 為列向量,則有

$$A^n = (\xi.\eta^T)^n = \xi.\eta^T.\xi.\eta^T...\xi.\eta^T = (\xi^T\eta)^{n-1}.A$$

從而,$z(n+1) = A^n z(1) = (\xi^T\eta)^{n-1}.Az(1)$

(3) 或者將 A 相似於約旦標準形的形式,通過討論 A 的特徵值的性態,找出 A^n 的內在構造規律,進而分析解 $z(n)$ 的變化規律,獲得它的基本性質.

三、關於差分方程穩定性的幾個結果

(1) k 階常系數線性差分方程(5-8)的解穩定的充分必要條件是它對應的特徵方程(5-10)所有的特徵根 $\lambda_i, i=1,2...k$ 滿足 $|\lambda_i| < 1$.

(2) 一階非線性差分方程

$$x_{n+1} = f(x_n) \tag{5-14}$$

(5-14)的平衡點 $\bar{x}$ 由方程 $\bar{x} = f(\bar{x})$ 決定,

將 $f(x_n)$ 在點 $\bar{x}$ 處展開為泰勒形式:

$$f(x_n) = f'(\bar{x})(x_n - \bar{x}) + f(\bar{x}) \tag{5-15}$$

故有:$|f'(x)| < 1$ 時,(5-14) 的解 $\bar{x}$ 是穩定的,

$|f'(x)| > 1$ 時,方程(5-14)的平衡點 $\bar{x}$ 是不穩定的.

第三節　差分方程的應用

我們來看本章引言中舉過的例子.讓我們稍微仔細一些來進行分析.由於貸款是逐月歸還的,就有必要考察每個月欠款餘額的情況.

設貸款後第 k 個月時欠款餘額為 A_k 元,月還款 m 元,則由 A_k 變化到 A_{k+1},除了還款額外,還有什麼因素呢? 無疑就是利息.但時間僅過了一個月,當然應該是月利率,設為 r,從而得到

$$A_{k+1} - A_k = rA_k - m$$

或者

$$A_{k+1} = (1+r)A_k - m \tag{5-16}$$

初使條件

$$A_0 = 1,000,000 \tag{5-17}$$

這就是問題的數學模型.其中月利率採用將年利率 $R = 0.047,5$ 平均.即

$$r = 0.047,5/12 = 0.003,958 \tag{5-18}$$

若 m 是已知的,則由(5-16)式可以求出 A_k 中的每一項,我們稱(5-16)式為一階差分方程.

模型解法與討論

(1) 月還款額

兩年期的貸款在 24 個月時還清,即

$$A_{24} = 0 \qquad (5-19)$$

為求 m 的值,設

$$B_k = A_k - A_{k-1}, \quad k = 1, 2, \cdots \qquad (5-20)$$

易見

$$B_{k+1} = (1+r)B_k$$

於是導出 B_k 的表達式

$$B_k = (1+r)^{k-1} B_1, k = 1, 2, \cdots \qquad (5-21)$$

由(5-20)式與(5-21)式得

$$A_k - A_0 = \sum_{j=1}^{k} B_k = \left[\frac{(1+r)^k - 1}{r} B_1\right]$$

$$= \left[\frac{(1+r)^k - 1}{r}(rA_0 - m)\right]$$

從而得到差分方程(5-16)的解為

$$A_k = A_0(1+r)^k - m[(1+r)^k - 1]/r, k = 1, 2, \cdots \qquad (5-22)$$

將 A_0, A_{24}, r 的值和 $k = 24$ 代入得到 $m = 4,375.95$(元),與表 5-3 中的數據完全一致,這樣我們就瞭解了還款額的確定方法.

依據上面的結論,請讀者自己制定出住房商業貸款直至二十年的還款額表.

(2) 還款週期

我們看到個人住房貸款是採用逐月歸還的方法,雖然依據的最初利率是年利率.那麼如果採用逐年歸還的方法,情況又如何呢?仍然以兩年期貸款為例,顯然,只要對(5-18)式中的利率 r 代之以年利率 $R = 0.0475$,那麼由 $k = 2, A_2 = 0, A_0 = 10,000$,則可以求出年還款額應為

$$\tilde{m} = 53,590.05(元)$$

這樣本息和總額為

$$2\tilde{m} = 107,180.1 \text{ (元)}$$

遠遠超出逐月還款的本息總額.考慮到人們的收入一般都以月薪方式獲得,因此逐月歸還對於貸款者來說是比較合適的.讀者還可以討論縮短貸款週期對於貸款本息總額的影響.

(3) 平衡點

回到差分方程(5-16),若令 $A_{k+1} = A_k = A$,可解出

$$A = m/r \qquad (5-23)$$

稱之為差分方程的平衡點或稱之為不動點.顯然,當初值 $A_0 = m/r$ 時,將恆有 $A_k = m/r, k = 1, 2, \cdots$

在住房貸款的例子裡,平衡點意味著如果貸款月利率 r 和月還款額 m 是固定的,則當貸款額稍大於或小於 $A = m/r$ 時,從方程(5-16)的解的表達式(5-22)中容易看出,欠款額 A_k 隨著 k 的增加越來越遠離 m/r,這種情況下的平衡點稱為不穩定的.對一般的差分方程

$$x_{k+1} = f(x_k) \quad k = 0,1,2,\cdots \qquad (5-24)$$

稱滿足方程

$$x = f(x)$$

的點 x^* 為(5-24)的平衡點.若(5-24)的解

$$\lim_{k \to \infty} x_k = x^* \qquad (5-25)$$

則稱 x^* 為穩定的平衡點,否則稱 x^* 為不穩定的平衡點.判別平衡點 x^* 是否穩定的一個方法是考察導數 $f'(x^*)$:

(1) 當 $|f'(x^*)| < 1$ 時,x^* 是穩定的;

(2) 當 $|f'(x^*)| > 1$ 時,x^* 是不穩定的.

二、養老保險

養老保險是與人們生活密切相關的一種保險類型.通常保險公司會提供多種方式的養老金計劃讓投保人選擇,在計劃中詳細列出保險費和養老金的數額.例如某保險公司的一份材料指出:在每月交費200元至60歲開始領取養老金的約定下,男子若25歲起投保,屆時月養老金2,282元;若35歲起投保,月養老金1,056元;若45歲起投保,月養老金420元.我們來考察三種情況下所交保險費獲得的利率.

設投保人在投保後第 k 個月所交保險費及利息累計總額為 F_k,那麼很容易得到數學模型

$$\begin{cases} F_{k+1} = F_k(1+r) + p, k = 1,2,\cdots,N \\ F_{k+1} = F_k(1+r) - q, k = N+1, N+2, \cdots, M \end{cases} \qquad (5-26)$$

其中 p, q 分別是60歲前所交的月保險費和60歲起每月領的養老金數(單位:元),r 是所交保險金獲得的利率,N, M 分別是投保起至停交保險費和停領養老金的時間(單位:月).顯然 M 依賴於投保人的壽命,我們取該保險公司養老金計劃所在地男性壽命的統計平均值75歲,以25歲投保為例,則有

$$p = 200, q = 2,282, N = 420, M = 600$$

而初始值 $F_0 = 0$,據此不難得到

$$\begin{cases} F_k = F_0(1+r)^k + p[(1+r)^k - 1]/r, k = 0,1,\cdots,N \\ F_k = F_N(1+r)^{k-N} - q[(1+r)^{k-N} - 1]/r, k = N+1, N+2, \cdots, M \end{cases}$$

$$(5-27)$$

由此可得到關於 r 的方程如下

$$(1+r)^M - (1+q/p)(1+r)^{M-N} + (1+q/p) = 0 \qquad (5-28)$$

記 $x = 1 + r$,且將已知數據代入,則只需求解方程
$$x^{600} - 12.41x^{180} + 11.41 = 0 \tag{5-29}$$
由方程(5-29)求得 $x = 1.00485, r = 0.00485$(非線性方程求近似解).

對於35歲起投保和45歲起投保的情況,求得保險金所獲得的月利率分別為 0.00461 和 0.00413.

三、乘數-加速數模型

差分方程在經濟學中的應用除了與實際生活密切聯繫的模型之外,也有關於宏觀經濟方面的模型,比如經濟增長模型等.對於一個國家來說,經濟的增長十分重要,持續穩定增長的經濟會給人民帶來更多的福祉.

所以,第三個模型介紹的是由薩繆爾森提出的乘數-加速數模型,它是屬於典型的凱恩斯主義.在介紹乘數-加速數模型之前,首先應明確本模型中所涉及的兩個經濟原理,乘數原理和加速原理.乘數原理說明了投資變動對國民收入變動的影響,而加速原理說明了國民收入的變動對投資變動的影響.乘數-加速數模型就是二者結合起來對經濟週期的影響.

假設 K 為資本存量, Y 為產量水平, v 代表資本-產量比率,有:
$$K = vY,$$
一般情況下,資本-產量比 $v > 1$. $(t-1)$ 時期的 K 和 Y 的關係可表示為:
$$K_{t-1} = vY_{t-1},$$
從 $t-1$ 時期到 t 時期,資本存量的增加量是 $K_t - K_{t-1}$.資本的增加需要投資的增加,記 I_t 是 t 時期的投資淨額,則有:
$$I_t = K_t - K_{t-1},$$
由 $K_{t-1} = vY_{t-1}$,可以推導出:
$$I_t = vY_t - Y_{t-1} = v(Y_t - Y_{t-1}). \tag{5-30}$$
上式表明,在資本-產量的比率保持不變的情況下, t 時期的淨投資額 I_t 決定於 $t-1$ 到 t 時期的產量的變動量, v 被稱為加速數.

由於生產過程中難以避免機器的磨損等,就會導致重置投資,將其視為折舊,與淨投資額組成了總投資,則(5-30)式就變成了:
$$t \text{時期的投資總額} = v(Y_t - Y_{t-1}) + t \text{時期的折舊,}$$
所以,可以得到產量水平與投資支出之間的關係.加速數為大於1,資本存量的增加必須要超過產量的增加,前提是資本存量充分利用.

薩繆爾森的乘數-加速數模型基本方程如下:
$$Y_t = C_t + I_t + G_t, \tag{5-31}$$
$$C_t = \beta Y_{t-1}, 0 < \beta < 1 \tag{5-32}$$
$$I_t = v(C_t - C_{t-1}), v > 0, \tag{5-33}$$
其中, Y_t 是國民收入, C_t 是消費額, G_t 是政府的購買.假定政府購買 G_t 是常數, $G_t = G$.

求解方程：將(5-32)(5-33)代入(5-31)式中，可得：
$$Y_t = \beta Y_{t-1} + v(C_t - C_{t-1}) + G_t, \qquad (5-34)$$
化簡後，有：
$$Y_{t+2} - \beta(1+v)Y_{t+1} + \beta v Y_t = G,$$
得出特徵方程：
$$\lambda^2 - \beta(1+v)\lambda + \beta v = 0,$$
求解特徵方程，是一個一元二次方程，由：
$$\Delta = \sqrt{b^2 - 4ac} = \sqrt{\beta^2(1+v)^2 - 4\beta v},$$
因為 Δ 值有可能大於 0 等於 0，或小於 0，故對應 Δ 的不同取值，解有三種情況.

故，化簡之後的方程：
$$Y_t = \beta Y_{t-1} + v(C_t - C_{t-1}) + G_t,$$
通解為：
$$Y_t = C_1 \lambda_1^t + C_2 \lambda_2^t + \frac{G}{1-\beta}, \Delta > 0, \qquad (5-35)$$
$$(C_1 + C_2 t)\lambda^t + \frac{G}{1-\beta}, \Delta = 0, \qquad (5-36)$$
$$r^t(C_1 \cos \varpi t + C_2 \sin \varpi t) + \frac{G}{1-\beta}, \Delta < 0, \qquad (5-37)$$
其中，
$$\Delta = \beta^2(1+v)^2 - 4v\beta, \lambda_{1,2} = \frac{1}{2}[\beta(1+v) - \sqrt{\Delta}],$$
$$\lambda = \frac{1}{2}\beta(1+v) = \sqrt{v\beta}, r = \sqrt{v\beta}, \varpi = arctan \frac{\sqrt{-\Delta}}{\beta(1+v)}.$$

由此得到國民收入 Y_t 的計算公式，代入原方程就可以計算出本期消費 C_t，本期私人投資 I_t.

假設邊際消費傾向 $\beta = 0.5$，加速數 $v = 1$，政府每期開支相同，$G_t = 1$億，從上期國民收入中來的本期消費為零，那麼，投資當然也是零，故，代入數據後，總結如表 5-4 所示：

表 5-4　　　　　　　　乘數加速數模型計算表

時期 (t)	政府購買 (g_t)	本期消費 (C_t)	本期私人投資 (I_t)	國民收入總額 (Y_t)	變動趨勢
1	1.00	0.00	0.00	1.00	—
2	1.00	0.50	0.50	2.00	復甦
3	1.00	1.00	0.50	2.50	繁榮
4	1.00	1.25	0.25	2.50	繁榮
5	1.00	1.25	0.00	2.25	衰退

表5-4(續)

時期 (t)	政府購買 (g_t)	本期消費 (C_t)	本期私人投資 (I_t)	國民收入總額 (Y_t)	變動趨勢
6	1.00	1.125	-0.125	2.00	衰退
7	1.00	1.00	-0.125	1.875	蕭條
8	1.00	0.937,5	-0.062,5	1.875	蕭條
9	1.00	0.937,5	0.00	1.937,5	復甦
10	1.00	0.968,75	0.031,25	2.00	復甦
11	1.00	1.00	0.031,25	2.031,25	繁榮
12	1.00	1.015,625	0.015,625	2.031,25	繁榮
13	1.00	1.015,625	0.00	2.015,625	衰退
14	1.00	1.007,812,5	-0.007,812,5	2.00	衰退

此模型集合了兩種經濟原理,對經濟週期的分析更注重外部的因素,投資影響收入和消費,消費和收入反過來也會影響投資,從而形成經濟擴張或收縮的局面,這是西方學者的對經濟波動的一種解釋.政府對經濟進行干預,就可以改變或緩和經濟波動.採取適當政策刺激投資,鼓勵提高勞動生產效率,就可以提高加速數,就可緩和經濟蕭條.

四、哈羅德-多馬經濟增長模型

宏觀經濟中的差分方程模型除了上述的薩繆爾森的乘數-加速數模型,還有另外一種經濟增長模型,就是由哈羅德和多馬共同提出的哈羅德-多馬經濟增長模型,同樣也是凱恩斯理論的典型.這個模型與乘數-加速數模型的結論不同,它認為,經濟的增長是不穩定的.具體的模型描述如下:

假設,S_t 為 t 時期的儲蓄額,Y_t 為 t 時期的國民收入,I_t 則是 t 時期的投資額,邊際儲蓄傾向用 s 表示,$0 < s < 1$,與乘數-加速數模型一樣,假定加速數 v 保持不變.s,v 都是常數.

哈羅德-多馬經濟增長模型的方程如下:

$$S_t = sY_{t-1}, 0 < s < 1, \quad (5-38)$$

$$I_t = v(Y_t - Y_{t-1}), v > 0, \quad (5-39)$$

$$S_t = I_t, \quad (5-40)$$

化簡方程,得到:

$$vY_t - vY_{t-1} - sY_{t-1} = 0,$$

可得到特徵方程:

$$\lambda v - v - s = 0,$$

解之得:

$$\lambda = 1 + \frac{s}{v},$$

故原方程的通解：

$$Y_t = c\left(1 + \frac{s}{v}\right)^t. \tag{5-41}$$

其中，c 是常數，$\frac{s}{v}$ 指的就是要保證所有儲蓄轉化為投資的經濟增長率，經濟學中稱為保證增長率。保證增長率 $\frac{s}{v}$ 中，v 是加速數，一般是假定不變的，s 是邊際儲蓄傾向，表示的是國民收入每增加一個單位，儲蓄會增加的程度。

依據哈羅德－多馬經濟增長模型，如果可以保證 t 時期的儲蓄額和投資保持平衡，儲蓄額可以得到充分的利用，那麼國民收入就會按照保證增長率 $\frac{s}{v}$ 增長。但在實際中，儲蓄與投資之間的完全轉化是難以實現的，因此會造成經濟的增長不穩定的狀況，就會得到相應的結論。

習題五

1. 求下列函數的差分。
(1) $y_x = e^x$，求 $\Delta^2 y_x$。
(2) $y_x = x^2 + 2x - 1$，求 $\Delta^2 y_x$。

2. 確定下列差分方程的階。
(1) $8y_{x+2} - y_{x+1} = \sin x$
(2) $3y_{x+2} - 2y_{x+1} = 6x + 1$

3. 求下列差分方程的通解。
(1) $5y_{x+1} - 25y_x = 20$
(2) $2y_{x+1} - y_x = 3 + x$
(3) $y_{x+1} - y_x = 2x^2$
(4) $2y_{x+1} - 6y_x = 3^x$

4. 求下列差分方程滿足初始條件的特解。
(1) $y_{x+1} + 3y_x = -1, y_0 = 1$。
(2) $8y_{x+1} + 4y_x = 3, y_0 = \frac{1}{2}$。

5. 求下列二階齊次線性差分方程的通解和滿足給定條件的特解。
(1) $y_{x+2} - 7y_{x+1} + 12y_x = 0$
(2) $y_{x+2} = y_{x+1} + y_x$

(3) $y_{x+2} + 2y_{x+1} + y_x = 0$

(4) $y_{x+2} - y_{x+1} + y_x = 0$

(5) $4y_{x+2} + 4y_{x+1} + y_x = 0, y_0 = 3, y_1 = -2$

6. 設 S_t 為 t 期儲蓄，I_t 為 t 期投資，Y_t 為 t 期國民收入，哈羅德($Harrod \cdot R \cdot H$) 建立了如下宏觀經濟模型

$$\begin{cases} S_t = \alpha Y_{t-1} & 0 < \alpha < 1 \\ I_t = \beta(Y_t - Y_{t-1}) & \beta > 1 \\ S_t = I_t \end{cases}$$

試求 Y_t、I_t、S_t.

第六章　數據的整理與圖示

引言：都說現在社會是大數據時代與信息社會，你能區分出什麼是數據與信息嗎？下面通過一個簡單的案例予以說明：

小明是小學二年級學生，他告訴媽媽：他的數學考了 98 分，語文考了 95 分.

上面的 98 與 95 為數據，單單從 98 分與 95 分是無從判斷小明考試的好與壞.

借助下面的信息才能進行成績好壞的判定.

結果一：數學 98 分，全班第一；語文 95 分，全班第三.

結果二：數學 98 分，全班倒數第一；語文 95 分，全班倒數第一.

如何實現數據到信息的轉化？本章將介紹數據的整理以及顯示，要求掌握數據的整理以及顯示的相關方法，並能夠應用於實際生活.

第一節　數據的整理

對於某一社會現象，當搜集到數據以後，還需要對數據進行必要的加工處理. 根據統計研究的目的與要求，對所搜集到的大量、零星分散的原始數據進行科學加工與綜合，使之系統化、條理化、科學化，為統計分析提供反應事物總體綜合特徵資料的工作過程，稱為數據的整理. 它的一般程序為：統計資料的審核認定、統計資料分組匯總、編製統計表、繪製統計圖. 其核心則是統計資料的分組.

一、數據的審定

數據審定的目的，就是要保證資料的準確性，盡可能地縮小調查誤差. 調查誤差是指經過調查所獲得的統計數值與被調查對象實際數值之間的差別. 調查誤差有兩種：一種是登記誤差，一種是代表性誤差. 登記誤差是由於調查過程中各有關環節工作的失誤而造成的. 例如，調查方案中有關規定或解釋不清楚而產生歧義，或計算錯誤、抄錄錯誤、匯總錯誤以及不真實填報等. 代表性誤差是由於非全面調查只觀察總體一部分單位，這部分單位不能完全反應總體的性質而產生的誤差.

所謂審定就是對調查資料的準確性、完整性和及時性進行檢查. 審定可以採用計算機審定，也可以採用人工審定.

1. **數據的分組數據分組的概念**

　　數據分組，就是根據統計總體內在的特徵與統計研究的任務需要，將統計總體按照一定的標誌變量分為若干組或部分的一種統計方法．數據分組的目的，就在於把同質總體中的具有不同性質的單位分開，把性質相同的單位合併在一起，保持各組內數據的一致性和各組之間數據的差異性，以便進一步研究調查對象的數量表現與數量關係，進而正確認識調查對象的本質及其規律性．例如，在中國人口普查中，作為個體的每個人，在年齡、性別、民族、文化程度以及居住地等諸多調查標誌變量上不完全相同，為反應中國人口總體內部的差異，就需要按照不同的標誌對全國人口進行分組．如，性別可分為男、女兩組；按年齡、民族可分為若干組，這就有助於對中國人口的性別、年齡、民族等各方面的結構及其比例關係的認識．

2. **數據分組的作用**

　　一是區分總體類型，現實生活中數據現象的類型是多種多樣的，不同類型的現象存在本質差別，通過統計資料的分組就可以把不同類型的現象區別開來；二是反應總體內部結構，通過分組，統計總體被劃分為若干組或若幹部分，計算各組或各部分的總量在總體總量中所占的比重，即可反應總體結構特徵與總體結構類型；三是可以分析總體在數量現象之間的依存關係．現象之間總是相互聯繫、相互依存、相互制約的，分組就是要在現象的各種錯綜複雜聯繫中，找出內在的聯繫和數量關係．具體做法，可將一個可變標誌變量(即自變量)作為分組標誌，來觀察另一個標誌變量(因變量)相應的變動狀況．如居民家庭收入與就業人數有密切的聯繫，通過分組可以反應這兩個變量之間相互聯繫的程度和方向．

3. **數據分組的原則**

　　為保證數據分組的科學性，需要遵循「窮盡原則」和「互斥原則」．「窮盡原則」是指各分組的空間必須容納所有個體單位，即總體中的每一個個體都必須有組的歸屬．如勞動者按文化程度分組，若只分為小學畢業、中學畢業和大學畢業三組，則未上過小學的以及大學以上文化程度的勞動者就無組可歸．「互斥原則」是指在特定的分組標誌下，總體中的任何一個單位不能同時歸屬於幾個組，而只能歸屬於某一個組．把鞋子分為男鞋、女鞋、童鞋三類，就不符合互斥原則，因為童鞋也有男鞋與女鞋之分．一般有如下兩種分組方式：

　　(1) 品質數據(分類數據、順序數據)的分組步驟：

　　① 列出品質變量的所有不同取值；

　　② 對變量的每個取值計算其出現的頻數；

　　③ 編製頻數分佈表．

　　(2) 數值型數據的分組步驟：

　　① 計算全距；

$$全距 = 最大值 - 最小值$$

② 計算組數

組數 = 1 + 3.322 × lgN（N 為統計數據總的觀察個數）；

③ 計算組距

在等距分組的前提下,每個組的組距 = 全距 / 組數；

④ 確定每個組的組限(第一組下限小於等於最小值,最後一組上限大於等於最大值,且針對連續型變量,上一組上限與下一組下限重疊,遵循「上限不在組內」的原則)；

⑤ 計算每個組上的頻數；

⑥ 編製頻數分佈表.

例1 浦口區苗圃對110株樹苗的高度進行測量(單位:cm),數據如下,編製頻數分佈表.

```
154 133 116 128  85 100 105 150 118  97 110
131 119 103  93 108 100 111 130 104 135 113
122 115 103  90 108 114 127  87 127 108 112
100 117 121 105 136 123 108  89  94 139  82
113 110 109 118 115 126 106 108 115 133 114
119 104 147 134 117 119  91 137 101 107 112
121 125 103  89 110 122 123 124 125 115 113
128  85 113 143  80 102 132  96 129  83 142
112 120 107 108 111 100  97 111 131 109 145
 93 135  98 142 127 106 110 101 116 110 123
```

解 第一步:確定全距

先將110個數據排序,找到最大值154和最小值80,得到全距為74cm.

第二步:確定組數

$$n = 1 + 3.322 \times lg110 = 7.78.$$

第三步:確定組距

$$d = \frac{74}{7.98} = 9.51cm.$$

注意:在利用準則經驗計算出來的組數和組距盡量把小數舍去,然後在整數位上加1,這樣能夠盡量保證頻數分佈表有足夠寬的覆蓋區間. 另外,一般來說組距宜取整百整十,起始組的下限也宜取整百整十,看起來方便一點.

故通過上述分析,我們可以確定組數為8,組距為10.

第四步:

根據所定的組數和組距確定組限,第一組的下限定為80,第一組上限90.

第二組下限是第一組的上限90,第二組上限100…以此類推,第八組下限150,上限160. 8個組,區間間斷點則為9個.

第五步,進行歸組,即將各個變量值歸入相應的組中,計算每個組上的變量個

數,即每個組上的頻數.

第六步,編製成頻數分佈表如表 6 - 1 所示.

表 6 - 1　　　　　　　110 株樹苗的頻數分佈表

樹苗高度 /cm	樹苗株樹 / 顆	比重 /%
80 ~ 90	9	8.18
90 ~ 100	9	8.18
100 ~ 110	26	23.64
110 ~ 120	29	26.36
120 ~ 130	18	16.36
130 ~ 140	12	10.91
140 ~ 150	5	4.55
150 ~ 160	2	1.82
合計	110	100.00

例 2　一家市場調查公司為研究不同品牌飲料的市場佔有率,對隨機抽取的一家超市進行了調查.調查員在某天對 50 名顧客購買飲料的品牌進行了記錄,如果一個顧客購買某一品牌的飲料,就將這一飲料的品牌名字記錄一次.下面就是記錄的原始數據,就此編製頻數分佈表.

	A	B	C	D	E
1	旭日升冰茶	可口可樂	旭日升冰茶	匯源果汁	露露
2	露露	旭日升冰茶	可口可樂	露露	可口可樂
3	旭日升冰茶	可口可樂	可口可樂	百事可樂	旭日升冰茶
4	可口可樂	百事可乐	旭日升冰茶	可口可樂	百事可樂
5	百事可乐	露露	露露	百事可樂	露露
6	可口可樂	旭日升冰茶	旭日升冰茶	匯源果汁	匯源果汁
7	匯源果汁	旭日升冰茶	可口可樂	可口可樂	可口可樂
8	可口可樂	百事可乐	露露	匯源果汁	百事可樂
9	露露	可口可樂	百事可樂	可口可樂	露露
10	可口可樂	旭日升冰茶	百事可樂	匯源果汁	旭日升冰茶

解　第一步:品牌這個變量下的所有可能取值有:旭日升冰茶、露露、可口可樂、百事可樂和匯源果汁 5 個;

第二步:計算每個取值上的個數(即頻數);

第三步:編製頻數分佈表,如表 6 - 2 所示.

表 6－2　　　　　　　　不同品牌飲料的頻數分佈表

不同品牌飲料的頻數分佈			
飲料品牌	頻數	比例	百分比 (%)
可口可樂	15	0.30	30
旭日升冰茶	11	0.22	22
百事可樂	9	0.18	18
匯源果汁	6	0.12	12
露露	9	0.18	18
合計	50	1	100

第二節　　數據的圖形展示

　　統計數據經過整理之後可以得到頻數分佈表,為了更直觀地得到統計數據的分佈特徵,可以通過統計圖的形式來顯示整理之後的數據.

一、條形圖和柱形圖

　　條形圖,指用寬度相同的條形的高度或長短來表示變量各類別數據的圖形.常見的有單式條形圖、復式條形圖等形式.其主要用於反應分類數據的頻數分佈.

　　繪製時,變量各類別取值可以放在縱軸,稱為**條形圖**,也可以放在橫軸,稱為**柱形圖**(*column chart*)

　　如上例 2 所繪製的柱形圖如圖 6－1 所示:

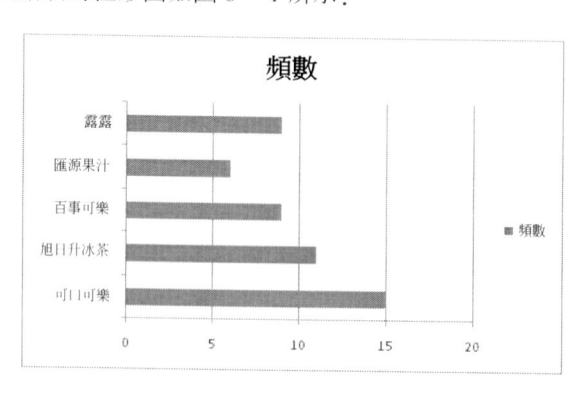

圖 6－1　不同品牌飲料頻數分佈的條形圖

　　對比條形圖(對比柱形圖) 分類變量在不同時間或不同空間上有多個取值,可用來對比分類變量的取值在不同時間或不同空間上的差異或變化趨勢.如某電腦商城

各品牌電腦的銷售量在一季度和二季度上的差異如表6-3所示,可通過圖6-2直觀顯示出來.

表6-3　　　　　　　某電腦商城不同品牌電腦銷售量表

電腦品牌	一季度	二季度
聯想	256	468
IBM	285	397
康柏	247	328
戴爾	563	688

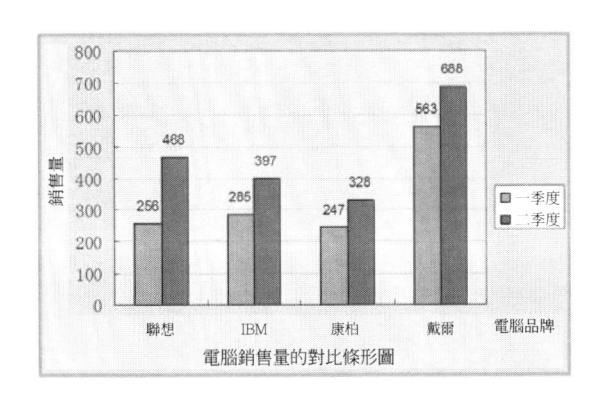

圖6-2　電腦銷售量的對比條形圖

　　帕累托圖,是按變量各取值類別數據出現的頻數多少排序後繪製的柱形圖,主要用於展示分類數據的頻數分佈表.

　　將例2所編製好的頻數分佈表,按照頻數的多少排序後,再繪製柱形圖得到圖6-3:

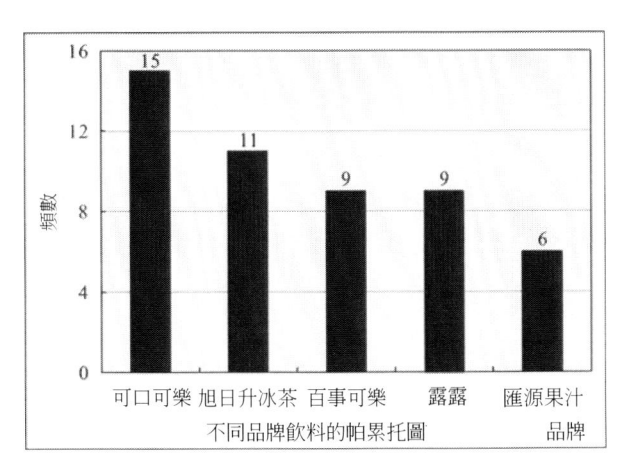

圖6-3　不同飲料品牌的帕累托圖

二、餅圖

餅圖,也稱圓形圖,是用圓形及圓內扇形的角度來表示數值大小的圖形.主要用於表示樣本或總體中各組成部分所占的比例,用於研究結構性問題.繪製圓形圖時,樣本或總體中各部分所占的百分比用圓內的各個扇形角度表示,這些扇形的中心角度,按各部分數據百分比乘以 360° 確定.根據例 2 所繪製的餅圖如圖 6－4 所示.

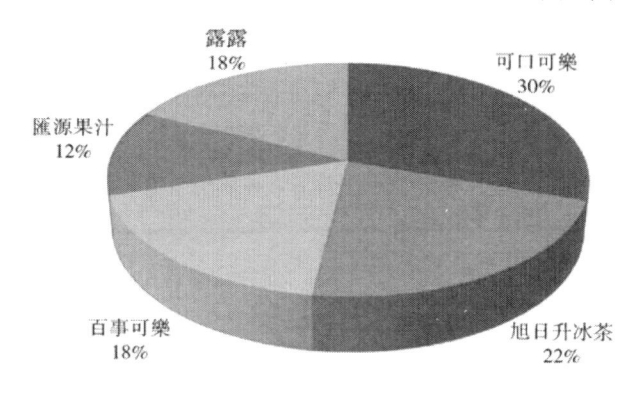

不同品牌飲料的構成

圖 6－4 不同品牌飲料數據拼圖

三、環形圖

環形圖中間有一個「空洞」,樣本或總體中的每一部分數據用環中的一段表示.與餅圖類似,但又有區別:餅圖只能顯示一個總體各部分所占的比例;而環形圖則可以同時繪製多個樣本或總體的數據系列,每一個樣本或總體的數據系列為一個環.環形圖主要用於結構比較研究,可用於展示分類數據和順序數據.

例3 在一項城市住房問題的研究中,研究人員在甲乙兩個城市各抽樣調查 300 戶,其中的一個問題是:「您對您家庭目前的住房狀況是否滿意?」

1. 非常不滿意;2. 不滿意;3. 一般;4. 滿意;5. 非常滿意

通過數據編製的頻數分佈表如表 6－4 所示,餅圖如圖 6－5 所示.

表 6－4 　　　　甲城市家庭對住房狀況評價的頻數分佈表

回答類別	甲城市				
	戶數(戶)	百分比(%)	向上累積 戶數(戶)	向上累積 百分比(%)	向下累積 戶數(戶)	向下累積 百分比(%)
非常不滿意	24	8	24	8.0	300	100.0
不滿意	108	36	132	44.0	276	92
一般	93	31	225	75.0	168	56
滿意	45	15	270	90.0	75	25
非常滿意	30	10	300	100.0	30	10
合計	300	100.0	—	—	—	—

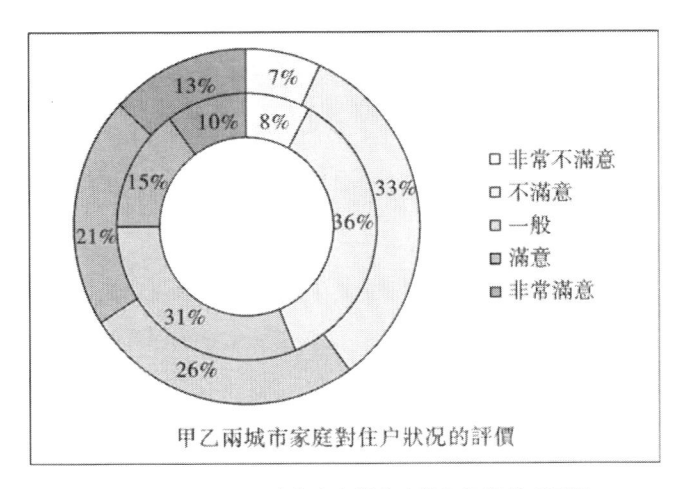

圖 6-5　甲乙兩城市家庭對住房狀況評價的環形圖

四、直方圖

直方圖,是用矩形的寬度和高度來表示頻數分佈,本質上是用矩形的**面積**來表示頻數分佈,在直角坐標中,用橫軸表示數據分組,縱軸表示頻數或頻率,各組與相應的頻數就形成了一個矩形,即直方圖。主要用於已分組的數值型數據的圖示。

例4　某電腦公司2005年前四個月各天的銷售數據(單位:臺)如表6-5所示,試對數據進行分組,並用直方圖直觀說明其分佈情況。

編製頻數分佈表如表6-5所示:

表 6-5　　　　　　　某電腦公司銷售量頻數分佈表

按銷售量分組/臺	頻數/天	頻率/%
140 ~ 150	4	3.33
150 ~ 160	9	7.50
160 ~ 170	16	13.33
170 ~ 180	27	22.50
180 ~ 190	20	16.67
190 ~ 200	17	14.17
200 ~ 210	10	8.33
210 ~ 220	8	6.67
220 ~ 230	4	3.33
230 ~ 240	5	4.17
合計	120	100.00

繪製直方圖如圖6-6所示,可以一眼看出銷售量在170~180之間的天數

最多!

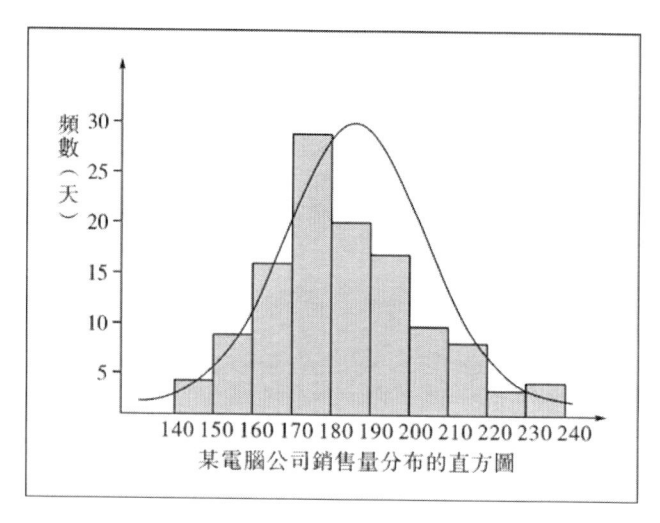

圖 6-6　某電腦公司銷售量分佈的直方圖

五、莖葉圖

莖葉圖,它由「樹莖」和「樹葉」兩部分構成,其圖形是由數字組成的,它以該組數據的高位數值作為樹莖,低位數字作為樹葉,且樹葉上只保留最後一位數字,其餘各數位都作為樹莖.莖葉圖類似於橫置的直方圖,但又有區別:直方圖可觀察一組數據的分佈狀況,但沒有給出具體的數值,適用於大批量分組數據;而莖葉圖既能給出數據的分佈狀況,又能給出每一個原始數值,保留了原始數據的信息,適用於小批量未分組原始數據.

如用例 4 的原始數據所繪製的莖葉圖如圖 6-7 所示:

树茎	树叶	数据个数
14	1349	4
15	023345689	9
16	0011233455567888	16
17	011222223344455556677888999	27
18	00122345667777888999	20
19	00124455666667788	17
20	0123356789	10
21	00113458	8
22	3568	4
23	33447	5

圖 6-7　某電腦公司銷售量的莖葉圖

圖 6-7 中第一行表示的是 4 個數字:141、143、144、149.

六、箱線圖

箱線圖是由一組數據的5個特徵值繪製而成,它由一個箱子和兩條線段組成. 繪製方法:首先找出一組數據的5個特徵值,即最大值、最小值、中位數(處於中間位置的數據)和兩個四分位數(下四分位數,處於四分之一位置的數據和上四分位數,處於四分之三位置的數據);然後連接兩個四分位數畫出箱子,再將兩個極值點與箱子相連接,如圖6-8所示,就為箱線圖.

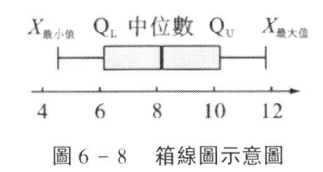

圖6-8 箱線圖示意圖

例4中電腦銷售量數據的箱線圖如圖6-9所示,

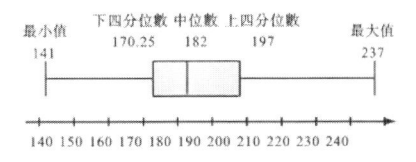

圖6-9 某電腦公司銷售量的箱線圖

從圖6-9不僅可以直觀地看到五個特徵的取值,還能看出電腦銷售量的大致分佈情況,由於中位數為182,靠近箱子的左邊,說明170到180之間的數據數目比較多,為了使數據數目平均分,故中位數要向左移,即靠近箱子左邊.

從上例分析,我們可以看到箱線圖可以用於展示未分組的原始數據的分佈狀況,且分佈的形狀與箱線圖的關係如圖6-10所示.

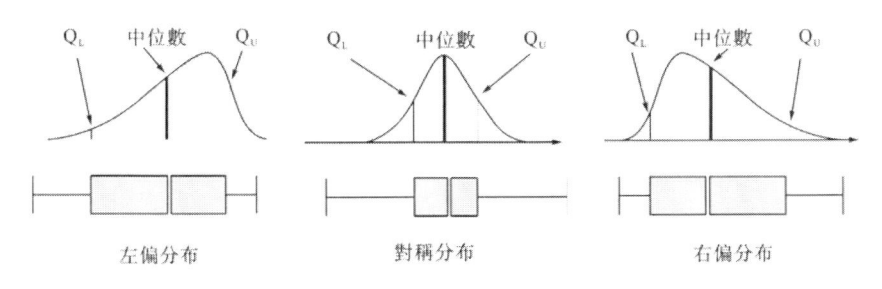

圖6-10 箱線圖與數據分佈關係圖

箱線圖不僅可以展示一個變量數據分佈情況,還能同時展示多變量數據的箱線圖.

例5 從某大學經濟管理專業二年級學生中隨機抽取11人,對8門主要課程的考試成績進行調查,所得結果如表6-6. 試繪製各科考試成績的比較箱線圖,並分析各科考試成績的分佈特徵.

表 6-6　　　　　　　　　　11 名學生各科考試成績表

課程名稱	\multicolumn{11}{c}{學生編號}
	1	2	3	4	5	6	7	8	9	10	11
英語	76	90	97	71	70	93	86	83	78	85	81
經濟數學	65	95	51	74	78	63	91	82	75	71	55
西方經濟學	93	81	76	88	66	79	83	92	78	86	78
市場營銷學	74	87	85	69	90	80	77	84	91	74	70
財務管理	68	75	70	84	73	60	76	81	88	68	75
基礎會計學	70	73	92	65	78	87	90	70	66	79	68
統計學	55	91	68	73	84	81	70	69	94	62	71
計算機應用基礎	85	78	81	95	70	67	82	72	80	81	77

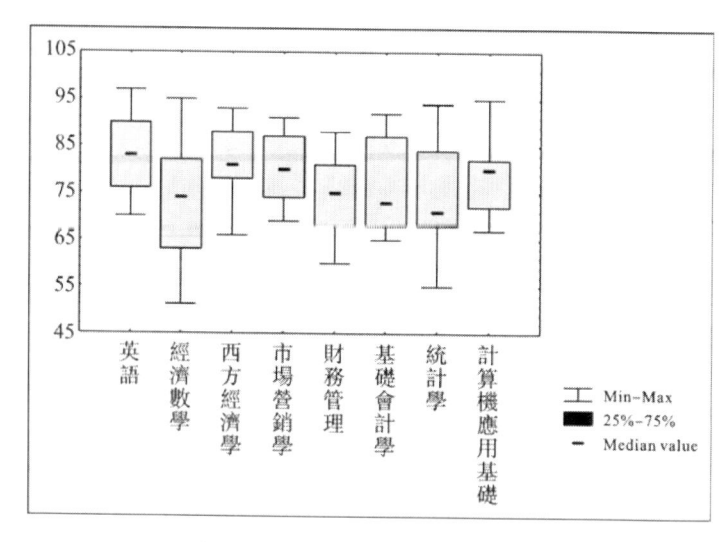

圖 6-11　各科考試成績的箱線圖

七、線圖

線圖,是一種用來表示時間序列數據趨勢的圖形,時間一般繪在橫軸,數據繪在縱軸,圖形的長寬比例大致為 10:7,一般情況下,縱軸數據下端應從「0」開始,以便於比較. 數據與「0」之間的間距過大時,可以採取折斷的符號將縱軸折斷.

例 6　中國 1991—2003 年城鄉居民家庭的人均收入數據如表 6-7 所示. 試繪製線圖.

表 6 - 7　　　　　　　1991—2003 年城鄉居民家庭人均收入表

年份	城鎮居民(元)	農村居民(元)
1991	1 700.6	708.6
1992	2 026.6	784.0
1993	2 577.4	921.6
1994	3 496.2	1 221.0
1995	4 283.0	1 577.7
1996	4 838.9	1 926.1
1997	5 160.3	2 091.1
1998	5 425.1	2 162.0
1999	5 854.0	2 210.3
2000	6 280.0	2 253.4
2001	6 859.0	2 366.4
2002	7 702.8	2 475.6
2003	8 472.2	2 622.2

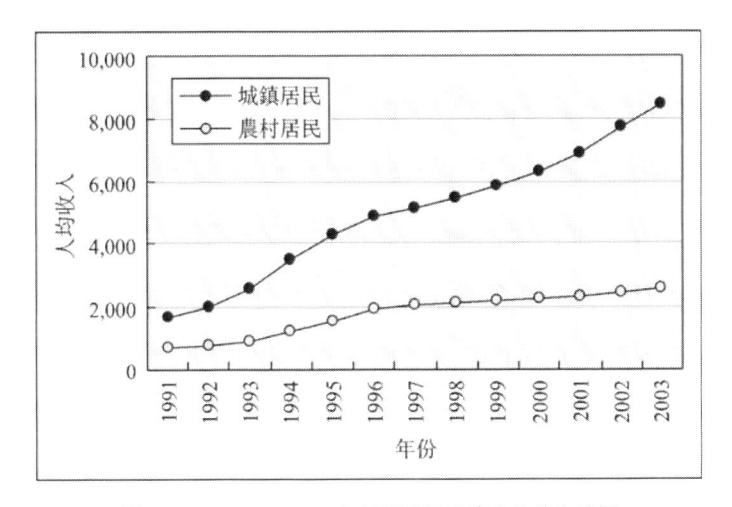

圖 6 - 12　1991—2003 年城鄉居民家庭人均收入線圖

從圖 6 - 12 可以看到隨著時間變化，城鎮居民和農村居民人均收入都呈現增長趨勢，且城鎮居民增長比農村居民增長速度快。

八、散點圖

散點圖是用來展示兩個變量之間的關係，它用橫軸代表變量 x，縱軸代表變量 y，每組數據 (x_i, y_i) 在坐標系中用一個點表示，n 組數據在坐標系中形成的 n 個點稱為散點，由坐標及其散點形成的二維數據圖。

例7 表6-8是棉花產量隨著溫度和降雨量的變化獲得的產量數據,繪製散點圖,並說明棉花產量與降雨量之間的關係.

表6-8　　　　　　　　棉花產量與溫度以及降雨量關係圖

溫度/°C	降雨量/mm	產量/kg/hm²
6	25	2 250
8	40	3 450
10	58	4 500
13	68	5 750
14	110	5 800
16	98	7 500
21	120	8 250

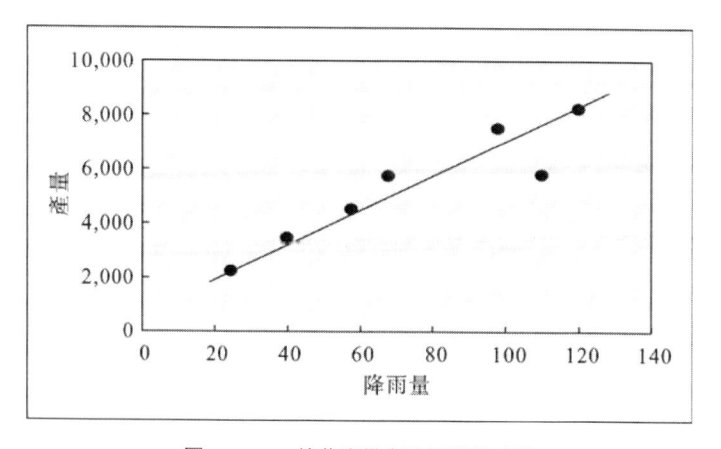

圖6-13　棉花產量與降雨量散點圖

從圖6-13可以看出,整體上隨著降雨量的增加,產量也隨之增加.

九、氣泡圖

氣泡圖,用來顯示三個變量之間的關係,圖中數據點的位置用於描繪兩個變量之間的關係,而數據點的大小則依賴於第三個變量,從而整個氣泡圖描繪三個變量之間的關係.

接例7,繪製棉花產量關於溫度和降雨量的氣泡圖,並說明三者之間的關係.

從圖6-14可以看到隨著溫度和降雨量的增加,棉花產量增加.

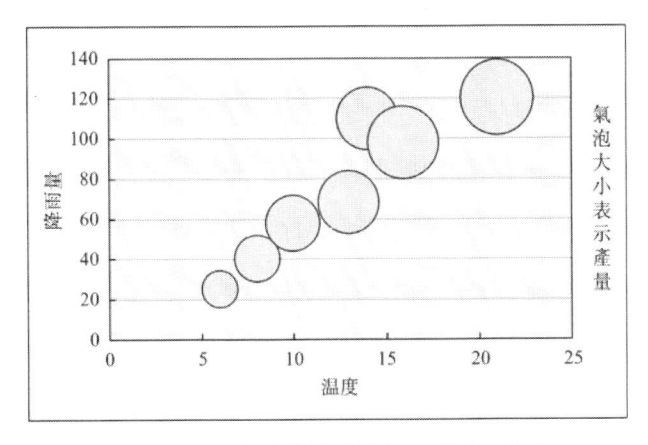

圖 6-14　棉花產量、溫度以及降雨量的氣泡圖

十、雷達圖

雷達圖，也稱為蜘蛛圖(*spider chart*)，是一種顯示多個變量的圖示方法，在顯示或對比各變量的數值總和時十分有用．假定各變量的取值具有相同的正負號，總的絕對值與圖形所圍成的區域成正比，雷達圖可用於研究多個樣本之間的相似程度．

設有 n 組樣本 $S_1, S_2, \cdots, S_n$，每個樣本測得 P 個變量 $X_1, X_2, \cdots, X_P$，要繪製這 P 個變量的雷達圖，其具體做法是：

（1）先做一個圓，然後將圓 P 等分，得到 P 個點，令這 P 個點分別對應 P 個變量，再將這 P 個點與圓心連線，得到 P 個幅射狀的半徑，這 P 個半徑分別作為 P 個變量的坐標軸，每個變量值的大小由半徑上的點到圓心的距離表示．

（2）然後將同一樣本的值在 P 個坐標上的點連線．這樣，n 個樣本形成的 n 個多邊形就是一個雷達圖．

例 8　2003 年中國城鄉居民家庭平均每人各項生活消費支出構成數據如表 6-9 所示．試繪製雷達圖，並說明城鎮居民與農村居民平均每人各項生活消費支出結構是否類似（即城鎮居民與農村居民的消費觀是否一致）？

表 6-9　　　2003 年城鄉居民家庭平均每人生活消費支出構成表

2003年城乡居民家庭平均每人生活消费支出构成(%)		
项　目	城镇居民	农村居民
食品	37.12	45.59
衣着	9.79	5.67
家庭设备用品及服务	6.30	4.20
医疗保健	7.31	5.96
交通通讯	11.08	8.36
娱乐教育文化服务	14.35	12.13
居住	10.74	15.87
杂项商品与服务	3.30	2.21

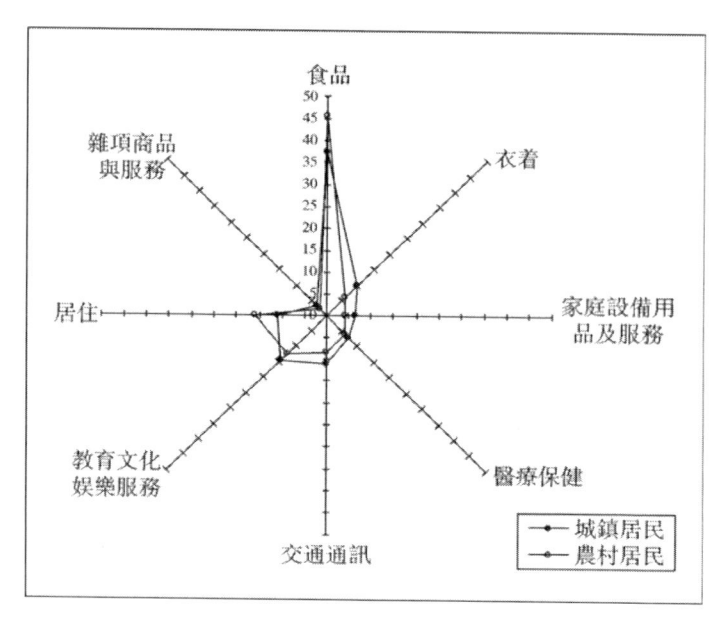

圖 6-15　2003 年城鄉居民家庭平均每人生活消費支出雷達圖

從圖 6-15 可以看到,城鎮居民和農村居民平均每人各項生活消費支出結構大致相似.

習題六

1. 為評價家電行業售後服務的質量,隨機抽取了由 100 個家庭構成的一個樣本. 服務質量的等級分別表示為:$A.$好;$B.$較好;$C.$一般;$D.$較差;$E.$差. 調查結果如下:

B	E	C	C	A	D	C	B	A	E
D	A	C	B	C	D	E	C	E	E
A	D	B	C	C	A	E	D	C	B
B	A	C	D	E	A	B	D	D	C
C	B	C	E	D	B	C	C	B	C
D	A	C	B	C	D	E	C	E	B
B	E	C	C	A	D	C	B	A	E
B	A	C	E	E	A	B	D	D	C
A	D	B	C	C	A	E	D	C	B
C	B	C	E	D	B	C	C	B	C

要求：

（1）指出上面的數據屬於什麼類型．

（2）用 Excel 製作一張頻數分佈表．

（3）繪製一張條形圖，反應評價等級的分佈．

（4）繪製評價等級的帕累托圖．

2. 某行業管理局所屬 40 個企業 2002 年的產品銷售收入數據如下：

152	124	129	116	100	103	92	95	127	104
105	119	114	115	87	103	118	142	135	125
117	108	105	110	107	137	120	136	117	108
97	88	123	115	119	138	112	146	113	126

要求：

（1）根據上面的數據進行適當的分組，編製頻數分佈表，並計算出累積頻數和累積頻率．

（2）按規定，銷售收入在 125 萬元以上為先進企業，115 萬～125 萬元為良好企業，105 萬～115 萬元為一般企業，105 萬元以下為落後企業，按先進企業、良好企業、一般企業、落後企業進行分組．

3. 利用下面的數據構建莖葉圖和箱線圖．

57	29	29	36	31
23	47	23	28	28
35	51	39	18	46
18	26	50	29	33
21	46	41	52	28
21	43	19	42	20

4. 一種袋裝食品用生產線自動裝填，每袋重量大約為 50g，但由於某些原因，每袋重量不會恰好是 50g. 下面是隨機抽取的 100 袋食品，測得的重量數據如下：

單位：g

57	46	49	54	55	58	49	61	51	49
51	60	52	54	51	55	60	56	47	47
53	51	48	53	50	52	40	45	57	53
52	51	46	48	47	53	47	53	44	47
50	52	53	47	45	48	54	52	48	46
49	52	59	53	50	43	53	46	57	49

表(續)

49	44	57	52	42	49	43	47	46	48
51	59	45	45	46	52	55	47	49	50
54	47	48	44	57	47	53	58	52	48
55	53	57	49	56	56	57	53	41	48

要求:

(1) 構建這些數據的頻數分佈表.

(2) 繪製頻數分佈的直方圖.

(3) 說明數據分佈的特徵.

5. 甲乙兩個班各有 40 名學生,期末統計學考試成績的分佈如下:

考試成績	人數	
	甲班	乙班
優	3	6
良	6	15
中	18	9
及格	9	8
不及格	4	2

要求:

(1) 根據上面的數據,畫出兩個班考試成績的對比條形圖和環形圖.

(2) 比較兩個班考試成績分佈的特點.

(3) 畫出雷達圖,比較兩個班考試成績的分佈是否相似.

第七章　　數據的描述性分析

引言:國家統計局公布,2016 年全國城鎮非私營單位就業人員年平均工資為 67,569 元.不出意料,又有大批網友吐槽「被平均」「拖後腿」.正如很多人所說,拿平均工資來反應社會普遍收入狀況是斷然不夠的.那麼對於社會普遍收入狀況應選擇怎樣的指標進行反應? 本章內容用來回答上述的問題.

本章我們介紹數據集中趨勢、離散程度以及分佈形狀的度量指標,運用這些指標能夠幫助我們解決實際生活中的一些問題.

第一節　　集中趨勢的描述

集中趨勢反應的是一組數據向某一中心值靠攏的傾向,在中心值附近的數據數目較多,而遠離中心值的數據數目較少.對集中趨勢進行描述就是尋找數據一般水平的中心值或代表值.根據取得這個中心值的方法不同,我們把描述集中趨勢的指標分為兩類:數值平均數和位置平均數.

一、數值平均數

數值平均數是以統計數列的所有數據來計算的平均數.其特點是統計數列中任何一項數據的變動,都會在一定程度上影響數值平均數的計算結果.常見的數值平均數有:算術平均數、調和平均數和幾何平均數.

1. 算術平均數

算術平均數,也稱均值,總體均值常用 u 表示,樣本均值用 $\bar{X}$ 表示
簡單算術平均數:

$$\bar{x} = \frac{x_1 + x_2 + \cdots + x_n}{n} = \frac{\sum_{i=1}^{n} x_i}{n} \qquad (7-1)$$

加權算術平均數:

$$\bar{x} = \frac{\sum_{i=1}^{n} x_i \cdot f_i}{\sum_{i=1}^{n} f_i} \qquad (7-2)$$

權數:各組次數(頻數)的大小,所對應的標誌值對平均數的影響具有權衡輕重的作用.當各組的次數都相同時,加權算術平均數就等於簡單算術平均數.

例1 某便民超市連鎖店,每個店一天的銷售額分別為 1,000,1,200,900,1,010,1,205(單位:元),試計算此連鎖超市的平均日銷售額.

解 由公式(7-1)可以知道

$$x = \frac{1,000 + 1,200 + 900 + 1,010 + 1,205}{5} = 1,063(元)$$

例2 根據表7-1,計算某車間工人加工零件的平均數(組距式數列).

表7-1

按零件數分組(个)	組中值 (x_i)	人數 (f_i)	$x_i f_i$
50~60	55	8	440
60~70	65	20	1 300
70~80	75	12	900
合計	—	40	2 640

解 由公式(7-2)可以知道

$$X = \frac{\sum_i x_i f_i}{\sum_i f_i} = \frac{2,640}{40} = 66(個)$$

需要說明,根據原始數據和分組資料計算的結果一般不會完全相等,根據分組數據只能得到近似結果.只有各組數據在組內呈對稱或均勻分佈時,根據分組資料的計算結果才會與原始數據的計算結果一致,且此時可用均值代表這批數據的平均水平.

算術平均數的性質:(1)各變量值與均值的離差之和等於零.

(2)各變量值與均值的離差平方和最小.

(3)算術平均數易受到極端值的影響.

2. 調和平均數

調和平均數是各個變量值倒數的算術平均數的倒數.

其具體計算方法:(1)先計算各個變量值的倒數,即 $\frac{1}{X}$;

(2)再計算上述各個變量值的倒數的算術平均數,即 $\frac{\sum \frac{1}{X}}{n}$;

（3）最後計算上述算術平均數的倒數，即 $\dfrac{n}{\sum \dfrac{1}{X}}$，即為調和平均數。

在社會經濟統計學中經常用到的是一種特定權數的加權調和平均數。

$$\bar{x} = \frac{\sum Xf}{\sum f} = \frac{\sum Xf}{\sum \dfrac{1}{x} Xf} = \frac{\sum m}{\sum \dfrac{m}{x}} = \bar{X}_h \qquad (7-3)$$

式中：$m = Xf, f = \dfrac{m}{X}$，

式中 m 是一種特定權數，它不是各組變量值出現的次數，而是各組標誌值總量。

例3 某蔬菜批發市場三種蔬菜日成交數據如表7-2所示，計算三種蔬菜該日的平均批發價格。

表7-2　　　　　　　某日三種蔬菜的批發成交數據

蔬菜名稱	批发价格(元) x	成交額(元) M
甲	1.20	18 000
乙	0.50	12 500
丙	0.80	6 400
合計	——	36 900

解　由公式(7-3)可以知道

$$X_h = \frac{\sum m}{\sum \dfrac{m}{X}} = \frac{36,900}{\dfrac{18,000}{1.25} + \dfrac{12,500}{0.5} + \dfrac{6,400}{0.8}} = 0.778,48 \ 元。$$

需要注意，如果數列中有一標誌值等於零，則無法計算調和平均數；同時，調和平均數也會受到極端值的影響，只是較之算術平均數，它受極端值的影響要小。

3. 幾何平均數

幾何平均數，又稱「對數平均數」，是另一種形式的平均數，是 n 個標誌值乘積的 n 次方根。主要用於計算平均比率和平均速度。

簡單幾何平均數：

$$G = \sqrt[n]{x_1 \cdot x_2 \cdots \cdots x_n} = \left(\prod x_i \right)^{\frac{1}{n}} \qquad (7-4)$$

加權幾何平均數：

$$\sum_{i=1}^{n} f_i \sqrt{x_1^{f_1} \cdot x_2^{f_2} \cdots \cdots x_n^{f_n}} = \sum_{i=1}^{n} f_i \sqrt{\prod x_i^{f_i}} \qquad (7-5)$$

例4 某企業四個車間流水作業生產某產品，一車間產品合格率99%，二車間為95%，三車間為92%，四車間為90%，計算該企業的平均產品合格率。

解　由公式(7-4)可以知道

$$\sqrt[4]{99\% \times 95\% \times 92\% \times 90\%} = 93.94\%$$

需要注意的是,如果數列中有一個標誌值等於零或負值,就無法計算幾何平均數;同時,幾何平均數也會受到極端值的影響,只是受極端值的影響較算術平均數和調和平均數要小,但不能因此優點,拿到任何數據就計算幾何平均數,幾何平均數只適用於計算特定現象的平均水平,即現象的總標誌值是各單位標誌值的連乘積.

二、位置平均數

位置平均數:它不是對統計數列中所有數據進行計算所得的結果,而是根據數列中處於特殊位置上的個別單位或部分單位的標誌值來確定的.常見的位置平均數有:眾數和中位數.

1. 眾數

眾數,一組數據中出現次數最多的變量值. 眾數作為位置平均數,它只考慮總體分佈中最頻繁出現的變量值,而不受各單位標誌值的影響,從而增強了對變量數列一般水平的代表性. 眾數不受極端值和開口組數列的影響. 但是眾數是一個不容易確定的平均指標,當分佈數列沒有明顯的集中趨勢而趨均勻分佈時,則無眾數可言;當變量數列是不等距分組時,眾數的位置也不好確定. 同時,無論是分類數據、順序數據還是數值型數據,都有可能存在眾數,且數據具有明顯集中趨勢時用眾數代表這批數據的平均水平.

例5 沿用第六章中例2的例子,通過編製好的頻數分佈表7-3尋找這50名顧客購買飲料品牌的眾數.

表7-3 不同品牌飲料的頻數分佈表

飲料品牌	頻數	比例	百分比(%)
可口可樂	15	0.30	30
旭日升冰茶	11	0.22	22
百事可樂	9	0.18	18
匯源果汁	6	0.12	12
露露	9	0.18	18
合計	50	1	100

解 這裡的變量為「飲料品牌」,這是個分類變量,不同類型的飲料就是變量值. 變量取值出現最多的是「可口可樂」,出現了15次,因而「可口可樂」這一品牌是飲料品牌取值的眾數.

例6 沿用第六章例3的例子,通過編製好的頻數分佈表7-4尋找甲城市這300名家庭對住房狀況評價的眾數.

表 7－4　　　　　　甲城市家庭對住房狀況評價的頻數分佈表

回答類別	甲城市 戶數(戶)	甲城市 百分比(%)
非常不滿意	24	8
不滿意	108	36
一般	93	31
滿意	45	15
非常滿意	30	10
合計	300	100.0

解　這裡變量為甲城市家庭對住房狀況評價的「回答類別」，是個順序變量，不同的回答類別就是變量的取值。從頻數分佈表中看到，變量取值出現最多的是「不滿意」，共出現了108次，因此眾數為「不滿意」這一回答類別。

例7　表7－5是某工廠每個工人生產零件的日產量數據，按照分組數據表示的，試計算其眾數。

表 7－5

按日產量分組(千克)	工人人數(人)
60 以下	10
60 ~ 70	19
70 ~ 80	50
80 ~ 90	36
90 ~ 100	27
100 ~ 110	14
110 以上	8

解　先找到眾數所在組(出現次數最多的組)為70 ~ 80。
然後利用計算眾數近似值的公式計算出眾數的近似值，

下限公式　　　　$M_0 = X_L + \dfrac{\Delta_1}{\Delta_1 + \Delta_2} \cdot d$　　　　(7－6)

上限公式　　　　$M_0 = X_U + \dfrac{\Delta_1}{\Delta_1 + \Delta_2} \cdot d$　　　　(7－7)

其中 X_L 表示眾數所在組的下限值，X_U 表示眾數所在組的上限值，Δ_1 表示眾數組頻數與比下限值小的那組的頻數之差，Δ_2 表示眾數組頻數與比上限值大的那組頻數之差，d 為眾數組組距。

故利用公式(7－6)可得日產量眾數取值為 $= 70 + \dfrac{50 - 19}{(50 - 19) + (50 - 36)} \times 10$

= 76.89(千克)

註:利用上限公式和下限公式得到的眾數值相等.

2. 中位數

中位數是一組數據按一定順序排列後,處於中間位置上的變量取值. 對於一組數據而言,中位數是唯一的,且不受極端值的影響. 只有順序數據和數值型數據才有中位數,而分類數據沒有中位數. 當一批數據偏斜程度較大,但無明顯峰值的時候用中位數代表這批數據的平均水平.

例8 沿用第二章例3的例子,將300名家庭對住房狀況評價的回答類別取值排序,並編製頻數分佈表7-6,尋找回答類別的中位數.

解 這裡的變量為甲城市家庭對住房狀況評價的「回答類別」,是個順序變量,不同的回答類別就是變量的取值. 從排序後的頻數分佈表中看到,由於是偶數個,變量取值最中間位置應該是第150和151,其對應的取值都是「一般」,因此中位數為「一般」這一回答類別.

表7-6　　　　甲城市家庭住房狀況評價頻數分佈表

回答类别	甲城市 户数（户）	累计频数
非常不满意	24	24
不满意	108	132
一般	93	225
满意	45	270
非常满意	30	300
合计	300	—

例9 有5個工人生產某產品件數,分別為:23,29,26,20,30,求其中位數.

解 先將其排序得20,23,26,29,30;計算中間位置為(5+1)/2=3;最後看中間位置所對應的取值是多少,則中位數就是多少,在此例中,位置3所對應的數為26,即中位數為26.

註:針對未分組的n個原始數據,在計算中間位置時,n為奇數時,中間位置為$(n+1)/2$;當n為偶數時,最中間位置有兩個,分別為$n/2$和$(n/2)+1$個位置,此時中位數等於這兩個位置所對應數據取值的平均值.

例10 表7-7是某工廠每個工人生產零件的日產量數據分組之後編製的頻數分佈表,按照表7-7所示,試計算其中位數.

表 7 - 7　　　　　某工廠工人生產零件日產量的頻數分佈表

按日產量分組 （千克）	工人數 （人）	較小制累計	較大制累計
50 ~ 60	10	10	164
60 ~ 70	19	29	154
70 ~ 80	50	79	135
80 ~ 90	36	115	85
90 ~ 100	27	142	49
100 ~ 110	14	156	22
110 以上	8	164	8
合計	164	—	—

解　　先確定中位數位置 $\frac{\sum f}{2} = \frac{164}{2} = 82$ 知中位數在 80 ~ 90 這一個組內.
然後利用中位數的計算公式計算出中位數的近似取值,

下限公式(較小制累計時用): $M_e = X_L + \dfrac{\dfrac{\sum f}{2} - S_{m-1}}{f_m} \cdot d$ 　　　　(7 - 8)

上限公式(較大制累計時用): $M_e = X_U + \dfrac{\dfrac{\sum f}{2} - S_{m+1}}{f_m} \cdot d$ 　　　　(7 - 9)

其中 $\sum f$ 為總的觀察頻數, f_m 為中位數所在組的觀測頻數, S_{m+1} 為按較大制累積時比中位數所在組取值大的那一組的累積頻數, S_{m-1} 為按較小制累積時比中位數所在組取值小的那一組的累積頻數.

故此例中, 按照下限公式 7 - 8, 計算出日產量的中位數取值為

$$= 80 + \frac{\frac{164}{2} - 79}{36} \times 10 = 80.83$$

同樣, 通過上限公式和下限公式計算出來的中位數取值一樣.

最後, 我們看一下, 算術平均數、中位數和眾數之間的關係, 以及對應的分佈形狀(圖 7 - 1).

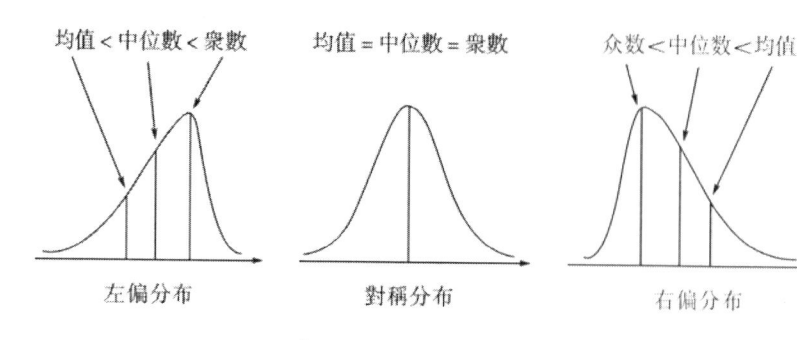

圖 7-1　數據分佈示意圖

需要注意的是,中位數始終位於均值和眾數之間.

第二節　離散程度的描述

離散程度反應各變量值遠離其中心值的程度(離散程度),它從另一個側面說明了集中趨勢測度值的代表程度. 常用的離散程度測量指標有:異眾比率、全距、四分位差、平均差、方差和標準差、離散系數.

一、異眾比率

異眾比率,非眾數組頻數占所有頻數的比率,計算公式為

$$V_r = \frac{\sum_i f_i - f_m}{\sum_i f_i} = 1 - \frac{f_m}{\sum_i f_i} \qquad (7-10)$$

(7-10)式中 $\sum_i f_i$ 為變量值的總頻數;f_m 為眾數所在組的頻數. 一般用來刻畫眾數的代表性好壞.異眾比率越大,說明非眾數組的頻數占總頻數的比重越大,眾數的代表性越差.相反,異眾比率越小,說明非眾數組的頻數占總頻數的比重越小,眾數的代表性越好.

二、全距

全距,也叫極差,是一組數據的最大值與最小值之差,可以刻畫一批數據總的離散情況,但是一般不用來對平均水平指標進行代表性好壞的度量.

三、四分位差

四分位差也稱內距或四分間距,是指第三四分位數和第一四分位數取值之差.其計算公式為:

$$Q_r = Q_3 - Q_1 \qquad (7-11)$$

這裡需要先弄清楚分位數的概念.把所有數據由小到大排列並分成若干等份,處於分割點位置的數值就是分位數.分位數可以反應數據分佈的相對位置(而不單單是中心位置).常用的有四分位數、十分位數、百分位數.

四分位數(Quartile):Q_1, Q_2, Q_3;

十分位數(Decile):$D_1, D_2, \ldots, D_9$;

百分位數(Percentile):$P_1, P_2, \ldots, P_{99}$;

把所有數據由小到大排列並分成四等份,處於三個分割點位置的數值就是四分位數.四分位數計算的具體步驟:

首先確定四分位數的位置,再找出對應位置的標誌值即為四分位數.設樣本容量為n,則每個四分位數所對應的位置為

$$Q_1: \frac{n+1}{4}, Q_2: \frac{2(n+1)}{4}, Q_3: \frac{3(n+1)}{4}.$$

如果各位置計算出來的結果恰好是整數,這時各位置上的標誌值即為相應的四分位數;如果四分位數的位置不是整數,則四分位數為前後兩個數的加權算術平均數.權數的大小取決於兩個整數位置與四分位數位置距離的遠近,距離越近,權數越大.

在實際應用中,計算四分位數的方法並不統一(數據量大時這些方法差別不大),對於一組排序後的數據:

SPSS 中四分位數的位置分別為$\frac{n+1}{4}, \frac{2(n+1)}{4}, \frac{3(n+1)}{4}.$

Excel 中四分位數的位置分別為$\frac{n+3}{4}, \frac{2(n+1)}{4}, \frac{3n+1}{4}.$

例11 試計算 5,7,2,6,8,10,15,16,9,12 的四分位差.

解

排序後的數據:2,5,6,7,8,9,10,12,15,16

Q_1 位置 $= \frac{10+1}{4} = 2.75$

Q_2 位置 $= \frac{2 \times (10+1)}{4} = 5.5$

Q_3 位置 $= \frac{3 \times (10+1)}{4} = 8.25$

不能整除時需加權平均:

$Q_1 = 5 + 0.75 \times (6-5) = 5.75$

$Q_2 = (8+9)/2 = 8.5$

$Q_3 = 12 + 0.25 \times (15-12) = 12.75$

四分位差反應了中間 50% 數據的離散程度,數值越小說明中間數據越集中.

四、平均差

平均差也稱平均絕對偏差，總體所有單位的標誌值與其平均數的離差絕對值的算術平均數，通常用 M_D 表示。

未分組數據計算平均差的公式為：

$$M_D = \frac{\sum_{i=1}^{n} |x_i - \bar{x}|}{n} \quad (7-12)$$

加權式（分組數據）平均差的公式為：

$$M_D = \frac{\sum_{i=1}^{n} |x_i - \bar{x}| f_i}{\sum_{i=1}^{i} f_i} \quad (7-13)$$

平均差雖然能較好地區別出不同組數據的分散情況或程度，但它的缺點是絕對值不適合做進一步的數學分析。為瞭解決此缺點，引入方差和標準差。

五、方差和標準差

方差是一組數據中各數值與其算術平均數離差平方的平均數。**標準差**是方差的算術平方根。根據總體數據計算的，稱為總體方差（標準差），記為 $\sigma^2(\sigma)$；根據樣本數據計算的，稱為樣本方差（標準差），記為 $s^2(s)$。

方差的計算公式如表 7-8 所示：

表 7-8　　　　　　　　　　　方差計算公式表

方差的計算公式

	總體方差	樣本方差
未分組數據	$\sigma^2 = \dfrac{\sum_{i=1}^{N}(X_i - \bar{X})^2}{N}$	$s^2 = \dfrac{\sum_{i=1}^{n}(x_i - \bar{x})^2}{n-1}$
分組數據	$\sigma^2 = \dfrac{\sum_{i=1}^{K}(X_i - \bar{X})^2 f_i}{\sum_{i=1}^{K} f_i}$	$s^2 = \dfrac{\sum_{i=1}^{k}(x_i - \bar{x})^2 f_i}{\sum_{i=1}^{k} f_i - 1}$

> 樣本方差用（n-1）去除，從數學角度看是因為它是總體方差 σ^2 的無偏估計量。

例 12 在某地區抽取的 120 家企業按利潤額進行分組,結果如表 7－9 所示. 試計算 120 家企業利潤額的均值和標準差.

表 7－9

按利潤額分組(萬元)	企業數(個)
200 ~ 300	19
300 ~ 400	30
400 ~ 500	42
500 ~ 600	18
600 以上	11
合計	120

解
$$\bar{x} = \frac{\sum_{i=1}^{5} x_i f_i}{\sum_{i=1}^{5} f_i} = \frac{250 \times 19 + 350 \times 30 + 450 \times 42 + 550 \times 18 + 650 \times 11}{120}$$
$$= 426.67$$

$$s = \sqrt{\frac{\sum_{i=1}^{5}(x_i - \bar{x})^2 f_i}{\sum_{i=1}^{5} f_i - 1}}$$

$$= \sqrt{\frac{(250 - 426.67)^2 \times 19 + (350 - 426.67)^2 \times 30 + \cdots + (650 - 426.67)^2 \times 11}{119}}$$

$$= 116.48$$

六、離散系數

離散系數也稱變異系數,是各變異指標與其算術平均數的比值.例如,將極差與其平均數對比,得到極差系數;將標準差與其平均數對比,得到標準差系數.最常用的變異系數是標準差系數:標準差與其相應的均值之比,表示為百分數.

$$V_\sigma = \frac{\sigma}{\bar{X}} (總體) \quad 或 \quad V_s = \frac{s}{\bar{x}} (樣本) \qquad (7-14)$$

標準差系數反應了相對於均值的相對離散程度;可用於比較計量單位不同的數據的離散程度;計量單位相同時,如果兩組數據的均值相差懸殊,標準差系數比標準差更有意義.

例 13 某管理局抽查了所屬的 8 家企業,其產品銷售數據如表 7－10 所示,試比較產品銷售額和銷售利潤的離散程度.

表 7-10

企業編號	產品銷售額(萬元)x_1	銷售利潤(萬元)x_2
1	170	8.1
2	220	12.5
3	390	18.0
4	430	22.0
5	480	26.5
6	650	40.0
7	950	64.0
8	1,000	69.0

解

銷售額 $\bar{x}_1 = 536.25$(萬元)　　$s_1 = 309.19$(萬元)　　$v_1 = \dfrac{309.19}{536.25} = 0.577$

銷售利潤 $\bar{x}_2 = 32.521,5$(萬元)　　$s_2 = 23.09$(萬元)　　$v_2 = \dfrac{23.09}{32.521,5} = 0.710$

結論：計算結果表明 $v_1 < v_2$，說明產品銷售額的離散程度小於銷售利潤的離散程度。

七、數據的標準化

標準化數值是變量值與其平均數的離差除以標準差後的值，也稱為 z **分數**或**標準分數**．設標準化數值為 z，則有：

$$z_i = \frac{x_i - \bar{x}}{s} \tag{7-15}$$

對於來自不同均值和標準差的個體的數據，往往不能直接對比．這就需要將它們轉化為同一規格、尺度的數據後再比較．標準分數是對某一個值在一組數據中相對位置的度量．

例 14　假定某班學生先後兩次進行了難度不同的大學英語綜合考試，第一次考試成績的均值和標準差分別為 80 分和 10 分，而第二次考試成績的均值和標準差分別為 70 分和 7 分．張三第一、二次考試的成績分別為 92 分和 80 分，那麼全班相比較而言，他哪一次考試的成績更好呢？

解　由於兩次考試成績的均值和標準差不同，每個學生兩次考試的成績不宜直接比較．利用標準分數進行對比，

$$\frac{92-80}{10} = 1.20 \qquad \frac{80-70}{7} = 1.43$$

計算結果表明，第二次考試成績更好些．

對稱分佈中的 3σ 法則：變量值落在 $[\bar{X} - 3\sigma, \bar{X} + 3\sigma]$ 範圍以外的情況極為少見，如圖 7 - 2 所示．因此通常將落在區間 $[\bar{X} - 3\sigma, \bar{X} + 3\sigma]$ 之外的數據稱為**離群點**（或**異常數據**）．

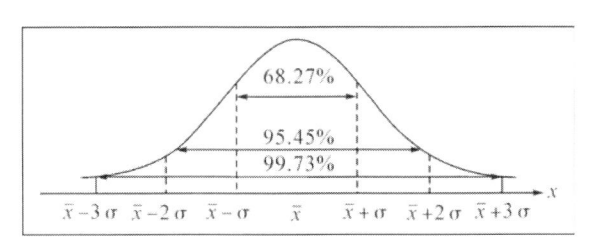

圖 7 - 2 3σ 準則示意圖

第三節　分佈形狀的描述

集中趨勢和離散程度是數據分佈的兩個重要特徵，但要全面瞭解數據分佈的特點，還需要知道數據分佈的形狀是否對稱、偏斜程度以及分佈的扁平程度等．偏態和峰度就是對這些分佈特徵的進一步描述．偏態和峰度是英國統計學家卡爾・皮爾遜首先提出的．

一、偏態

如果次數分佈是完全對稱的，叫對稱分佈；如果次數分佈不是完全對稱的，就稱為偏態分佈．**偏度**，用來刻畫次數分佈的非對稱程度，用偏態系數來表示．偏態系數用 α 來表示，其計算公式為

$$\alpha = \frac{v_3}{s^3} = \frac{\sum_{i=1}^{n}(x_i - \bar{x})^3 f_i}{\sum_{i=1}^{n} f_i \cdot s^3} \qquad (7-16)$$

當 $\alpha = 0$ 時，左右完全對稱，為**正態分佈**；當 $\alpha > 0$ 時為**正偏**（或**右偏**）；當 $\alpha < 0$ 時為**負偏**（或**左偏**）．且偏態系數 α 的數值一般在 0 與 ± 3 之間，偏態系數越接近於 0，分佈的偏斜程度越小；偏態系數越接近於 ± 3，分佈的偏斜程度越大．如圖 7 - 3 所示．

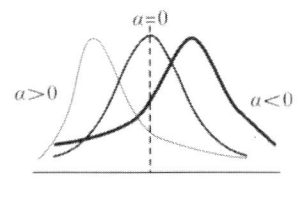

圖 7 - 3　偏度系數示意圖

二、峰度

峰度是指變量的集中程度和次數分佈曲線的陡峭(或平坦)的程度.

在變量數列的分佈特徵中,常常以正態分佈為標準,觀察變量數列分佈曲線頂峰的尖平程度,統計上稱之為峰度.用峰度系數來表示,記號β,其計算公式為

$$\beta = \frac{\nu_4}{s^4} - 3 = \frac{\sum_{i=1}^{n}(x_i - \bar{x})^4 f_i}{\sum_{i=1}^{n} f_i \cdot s^4} - 3 \qquad (7-17)$$

正態分佈的峰度系數等於0,當$\beta > 0$時為**尖峰分佈**,表示次數分佈比正態分佈更集中;當$\beta < 0$時為**平峰分佈**,表示次數分佈比正態分佈更分散.如圖7-4所示.

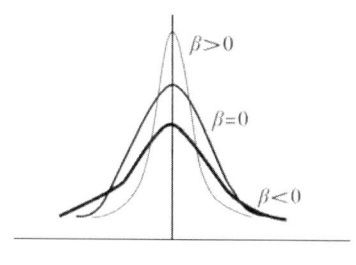

圖7-4 峰度系數示意圖

習題七

1. 判斷題.
(1) 任何平均數都受變量數列中的極端值的影響.
(2) 中位數把變量數列分成了兩半,一半數值比它大,一半數值比它小.
(3) 任何變量數列都存在眾數.
(4) 極差越小說明數據的代表性越好,數據越穩定.

2. 算術平均數、中位數和眾數三者的數量關係說明什麼樣的變量分佈特徵?

3. 什麼是眾數? 有什麼特點? 試舉例說明其應用.

4. 四分位差、平均差和標準差衡量的是哪個平均指標? 上述三個指標哪些更優越?

5. 如果某同學在英語競賽中的標準得分為2,並且知道1%為一等獎,5%為二等獎,10%為三等獎,則他(　　).

　　A.獲一等獎　　　　　　　　B.獲二等獎
　　C.獲三等獎　　　　　　　　D.無緣獎項

6. 想知道某班同學統計學考試成績的穩定性,需要用哪些指標比較好? 想比較

某班同學統計學考試成績和大學英語考試成績的穩定性,用哪些指標比較好?

7. 甲乙丙三個班《統計學》考試情況分別如下表所示:

60 分以下	2	60 分以下	2	60 分以下	2
60 ~ 70	8	60 ~ 70	30	60 ~ 70	5
70 ~ 80	22	70 ~ 80	8	70 ~ 80	12
80 ~ 90	10	80 ~ 90	4	80 ~ 90	25
90 分以上	4	90 分以上	1	90 分以上	7

試回答下列問題:

(1) 計算甲、乙、丙三個班的平均成績;該平均值是真實值還是近似值? 如是近似值,什麼情況下會是真實值?

(2) 計算甲、乙、丙三個班的中位數、眾數;

(3) 如要選擇從算術平均數、中位數和眾數三個平均數中選擇一個數來分別代表甲、乙、丙三個班的整體水平,請問你會選擇哪個平均數? 為什麼?

(4) 如要分別反應甲、乙、丙三個班的考試情況,你會選擇用哪些指標來衡量?

(5) 如要比較甲、乙、丙三個班的考試情況的優劣,你又會選擇什麼指標來衡量?

(6) 甲乙丙三個班的考試成績分別服從對稱分佈、左偏分佈、右偏分佈中的哪種分佈? 為什麼?

8. 已知 9 個家庭的人均月收入數據為:

1,500　750　780　1,080　850　960　2,000　1,250　1,630

試求這組數據的第一和第三四分位數.

第八章　T檢驗與方差分析

引言：在概率論與數理統計中，我們已經學習過關於一個正態總體均值的檢驗，在實際問題中，我們更多的會遇到檢驗兩列正態分佈的高測度數據（定距數據和高測度定序數據）是否存在差異，或者檢驗多個正態總體數列是否存在顯著差異，此時可以通過驗證它們的均值差異性來達到目的，前者可以使用 T 檢驗，而後者則使用方差分析. T 檢驗適用於單因素雙水平，方差分析適用於多因素多水平.

本章介紹 T 檢驗與方差分析的相關知識，能夠將相關知識用以解決實際生活中的若干問題.

第一節　T檢驗實例分析

一、T 檢驗基礎知識

根據數據序列的特點，T 檢驗可以分為四種類型：單樣本 T 檢驗、配對樣本 T 檢驗、獨立樣本等方差 T 檢驗和獨立樣本異方差 T 檢驗. 在具體應用中，應根據數據序列的特點選擇相應的檢驗方法. 如果兩列數據之間具有一一對應關係，這種數據稱為配對樣本，例如同一年級學生的兩次考試. 如果兩列數據各自為一個集合，兩個集合內的數據沒有對應關係，甚至數據觀察數目都不相等，這種數據稱為獨立樣本. 對於配對樣本，可以直接進行 T 檢驗；對於獨立樣本，則需要先檢驗兩列數據的方差是否齊性，如果方差齊性，則使用獨立樣本等方差檢驗，否則要使用獨立樣本異方差檢驗.

T 檢驗步驟回顧：

（1）提出假設

$H_0: u_1 = u_2, H_1: u_1 \neq u_2$

（2）方差齊性檢驗

$H_0: \sigma_1^2 = \sigma_2^2; H_1: \sigma_1^2 \neq \sigma_2^2$

（3）構造 t 檢驗統計量（根據方差是否相等得到不同的 t 檢驗統計量）

（4）檢驗 p 值與顯著性水平 α 進行比較並作決策

檢驗 p 值 $> \alpha$，接受原假設，認為兩總體均值相同；

檢驗 p 值 $< \alpha$，拒絕原假設，認為兩總體均值不同.

SPSS 的 T 檢驗分析步驟：

（1）檢驗數據正態性；選擇【分析】-【非參數檢驗】-【舊對話框】-【樣本 $K-S$】命令，檢驗數據的正態性．

（2）如果是正態數據，可以進行 T 檢驗；根據不同數據類型選擇不同 T 檢驗方式．選擇【分析】-【比較平均值】-【單樣本 T 檢驗】（包括配對樣本 T 檢驗、獨立樣本 T 檢驗）．

（3）輸出結果解讀；根據結果輸出的檢驗概率，判斷兩樣本是否存在顯著性差異；或判斷與某一個具體的常數是否有顯著性差異．

二、案例分析

例1 現有一份《××大學學生成績》的數據如表 8-1 所示，需要分析兩個問題：

（1）分析變量語文、數學、外語、歷史成績是否存在顯著性差異；

（2）分析男生和女生的數學成績是否存在顯著性差異．

$$\alpha = 0.05$$

表 8-1　　　　　　　　　××大學學生成績

學號	姓名	性別	專業	zy	籍貫	jg	愛好	ah	語文
201601	紀海燕	女	生物工程	1	廣東	1	科學	1	94.0
201602	李军	男	計算機	2	江西	2	文學	2	80.0
201603	明汉琴	女	應用化學	3	湖南	3	藝術	3	75.0
201604	沈亚杰	男	文學	4	浙江	4	科學	1	84.0
201605	时扬	男	經濟學	5	山西	5	文學	2	85.0
201606	汤丽丽	女	英語	6	陝西	6	藝術	3	88.0
201607	王丹	女	生物工程	1	廣東	1	科學	1	81.0
201608	吴凤祥	男	計算機	2	江西	2	文學	2	79.0
201609	尚丽丽	女	應用化學	3	湖南	3	藝術	3	88.0
201610	徐丽云	女	文學	4	浙江	4	科學	1	81.0
201611	颜刚	男	經濟學	5	山西	5	文學	2	84.0
201612	袁刚	男	英語	6	陝西	6	藝術	3	79.0
201613	张珊珊	女	生物工程	1	廣東	1	科學	1	83.0
201614	郑永军	男	計算機	2	江西	2	文學	2	73.0

解　（1）分析變量語文、數學、外語、歷史成績是否存在顯著性差異．

首先，分析語文、數學、英語和歷史成績的分佈形態，結果如表 8-2 所示：

表 8-2　　　　　　　　　正態分佈檢驗表

單樣本 *Kolmogorov-Smirnov* 檢驗

	語文	數學	英語	歷史
N	60	60	60	60

表8-2(續)

		語文	數學	英語	歷史
正態參數^{a,b}	均值	80.533	85.533	84.300	75.317
	標準差	4.5565	4.2724	4.7810	4.8590
最極端差別	絕對值	.085	.110	.100	.123
	正	.074	.099	.100	.123
	負	-.085	-.110	-.081	-.066
Kolmogorov - Smirnov Z		.658	.851	.771	.956
漸近顯著性(雙側)		.780	.464	.592	.320

從表8-2可知,語文、數學和英語成績服從正態分佈,而歷史成績不服從正態分佈.所以對語文、數學和英語成績進行配對樣本 T 檢驗,檢驗它們是否有顯著性差異.

第二步,由於語文、數學和英語成績是根據學生性別一一對應的,所以使用配對樣本 T 檢驗進行分析. 選擇菜單【分析】-【比較平均值】-【配對樣本 T 檢驗】,將語文、數學和英語成績選為分析變量,得到結果如表8-3所示:

表8-3　　　　　　　　　　　配對樣本 T 檢驗輸出結果

成對樣本統計量

		均值	N	标准差	均值的标准误
对1	语文	80.533	60	4.5565	.5882
	数学	85.533	60	4.2724	.5516
对2	语文	80.533	60	4.5565	.5882
	英语	84.300	60	4.7810	.6172

成对样本相关系数

		N	相关系数	Sig.
对1	语文 & 数学	60	.009	.948
对2	语文 & 英语	60	.164	.209

成对样本检验

		成对差分					t	df	Sig.(双侧)
		均值	标准差	均值的标准误	差分的95%置信区间				
					下限	上限			
对1	语文-数学	-5.0000	6.2192	.8029	-6.6066	-3.3934	-6.228	59	.000
对2	语文-英语	-3.7667	6.0376	.7795	-5.3264	-2.2070	-4.832	59	.000

從表8-3可知,語文成績和數學成績顯著不同,語文成績與英語成績也有顯著性差異.

(2) 分析男生和女生的數學成績是否存在顯著性差異.

由於男生的數學成績與女生的數學成績屬於兩個獨立樣本,所以需要先檢查男

生與女生分組後的數學成績的方差是否齊性.

第一步,選擇【分析】-【比較平均值】-【獨立樣本 T 檢驗】,將數學成績選為檢驗變量,將性別選為分組變量;如圖 8-1 所示:

圖 8-1　獨立樣本 T 檢驗對話框

第二步,點擊【確定】,輸出結果如表 8-4 所示:

表 8-4　　　　　　　　獨立樣本 T 檢驗輸出結果

		方差方程的 Levene 檢驗		均值方程的 t 檢驗					
								差分的 95% 置信區間	
		F	Sig.	t	df	Sig.(雙側)	均值差值	標準誤差值	下限	上限
數學	假設方差相等	.308	.581	-.662	58	.511	-.7333	1.1084	-2.9521	1.4854
	假設方差不相等			-.662	57.704	.511	-.7333	1.1084	-2.9523	1.4856

從表 8-4 可知,在 Levene 方差測試中,顯著性為 0.581,大於 0.05,所以男生和女生的數學成績是方差齊性的,所以看第一行, T 檢驗的顯著性為 0.511,大於 0.05,表明男生與女生的數學成績沒有顯著性差異. 如果在 Levene 方差測試中,顯著性結果小於 0.05,則需要看第二行的 T 檢驗結果.

第二節　單因素方差分析

一、案例分析

例1　某飲料生產企業研製出一種新型飲料. 飲料的顏色共有四種,分別為橘黃色、粉色、綠色和無色透明. 這四種飲料的營養含量、味道、價格、包裝等可能影響銷

售量的因素全部相同．現從地理位置相似、經營規模相仿的五家超級市場上隨機收集了前一時期該飲料的銷售情況，見表8-5．通過回答下列問題，分析飲料的顏色是否對銷售量產生影響？並用相關的數學表達式表示你的答案．

表8-5　　　　　　　　　　不同顏色飲料的銷售量

超市	無色	粉色	橘黃色	綠色
1	26.5	31.2	27.9	30.8
2	28.7	28.3	25.1	29.6
3	25.1	30.8	28.5	32.4
4	29.1	27.9	24.2	31.7
5	27.2	29.6	26.5	32.8

(1) 4個顏色的飲料哪種顏色銷售情況比較好？

(2) 你是通過比較哪一些指標得到(1)題的答案的？

(3) 從實際出發，飲料的銷售量受到哪些因素的影響？這些因素中哪些因素相對影響比較大？

(4) 結合表8-5中數據，說明不同顏色飲料的銷售量的差異是由什麼因素引起的？

(5) 結合表8-5中數據，說明同一顏色飲料的銷售量的差異是由什麼因素引起的？

(6) 怎麼通過數學表達式來體現所有的飲料、同一個顏色飲料、不同顏色飲料銷售量的差異？

結合上面所列出的所有問題，我們需要先瞭解一些相關的基本概念．

二、方差分析的基本概念

因素是指所要研究的變量，它可能對因變量產生影響．在本例中，要分析不同顏色對銷售量是否有影響，所以，銷售量是因變量，而顏色是可能影響銷售量的因素．

如果方差分析只針對一個因素進行，稱為**單因素方差分析**．如果同時針對多個因素進行，稱為**多因素方差分析**．

水平指因素的具體表現，如四種顏色就是因素的不同水平．有時水平是人為劃分的，比如質量被評定為好、中、差．

單元指因素水平之間的組合．如銷售方式以下有五種不同的銷售業績，就是五個單元．方差分析要求的方差齊性就是指的各個單元間的方差齊性．

三、方差分析的基本假定

要辨別隨機誤差和顏色這兩個因素中哪一個是造成銷售量有顯著差異的主要原因，這一問題可歸結於判斷三個總體是否具有相同分佈的問題，從而有以下三種

情況:
  假設 1 四組數據來自具有相同均值的正態總體(假設方差相等);
  假設 2 四組數據來自具有相同均值與方差的正態總體;
  假設 3 四組數據來自具有相同方差的總體.
  實踐中,人們通常只對假設 1、假設 2 進行統計檢驗,特別是假設 1 的檢驗,即人們通常所說的「單因素方差分析」.

1. 單因素方差分析的基本假定

  (1) 各個水平的數據是從相互獨立的總體中抽取的(獨立性);
  (2) 各個水平下的因變量服從正態分佈(正態性);
  (3) 各水平下的總體具有相同的方差(方差齊性).

2. 方差齊性檢驗(Levene 檢驗)

  (1) 原假設與備擇假設

$H_0 : \sigma_1^2 = \sigma_2^2 = \sigma_3^2 = \sigma_4^2$

$H_1 : \sigma_1^2, \sigma_2^2, \sigma_3^2, \sigma_4^2$ 不全相等

  (2) 輸出結果的閱讀

  由表 8-6 可知檢驗 p 值(Sig.)大於 0.05,接受原假設,認為四個總體方差相等,滿足方差齊性的假定.反之,則不滿足方差齊性的假定.同時對於正態性而言,只要不是嚴重的偏態,在樣本量較大的情況下結果都很穩定;對方差齊性問題,只要所有組中的最大、最小方差之比小於 3,那麼檢驗結果也是非常穩定的.

表 8-6   方差齊性輸出結果

方差齊性檢驗

VAR00001

Levene 統計量	$df1$	$df2$	顯著性
.282	3	16	.838

四、方差分析的基本思想

  方差分析的基本思想就是從不同角度計算出有關的均值與方差,然後通過組內方差與組間方差的對比,在一定統計理論指導下分析條件誤差與隨機誤差,進而分解或判斷出實驗觀察數據中必然因素和偶然因素(隨機)的影響大小(統計意義上的顯著性).

  因此,需要弄清楚三個問題,總誤差平方和、組間誤差平方和、組內誤差平方和.

1. 總誤差平方和

  總誤差平方和也叫「總離差平方和」或「總方差」,指的是全部觀察值 x_{ij} 與總平均值 $\bar{x}$ 的離差平方和,反應了全部觀察值的離散狀況,記號 SST,它包含了系統誤差(組間誤差)和隨機誤差,其計算公式為:

$$SST = \sum_{i=1}^{k} \sum_{j=1}^{n_i} (x_{ij} - \bar{x})^2 \tag{8-1}$$

2. 組間誤差平方和

組間誤差平方和也叫「系統誤差平方和」或「系統誤差」或「組間誤差」，指的是各自水平下所有取值的平均值 $\bar{x}_i$ 與總平均值 $\bar{x}$ 的離差平方和，反應了不同水平作用產生的差異大小，記號 SSA，它包含了隨機誤差和系統誤差，其計算公式為：

$$SSA = \sum_{i=1}^{k} \sum_{j=1}^{n_i} (\bar{x}_i - \bar{x})^2 = \sum_{i=1}^{k} n_i (\bar{x}_i - \bar{x})^2 \tag{8-2}$$

3. 組內誤差平方和

組內誤差平方和也叫「組內方差」或「隨機誤差」，指的是各自水平下的所有樣本數據與本水平下的平均值之間的離差平方和，反應了水平內部數據的離散狀況，實質上就是隨機因素帶來的影響，記號 SSE，它只包含了隨機誤差，其計算公式為：

$$SSE = \sum_{i=1}^{k} \sum_{j=1}^{n_i} (x_{ij} - \bar{x}_i)^2 \tag{8-3}$$

三個平方和之間的關係為：

$$SST = SSA + SSE \tag{8-4}$$

各自對應的自由度之間的關係為：

$$n - 1 = (k - 1) + (n - k) \tag{8-5}$$

從誤差平方和的計算公式(8-2)與(8-3)可以看到，SSA 和 SSE 的取值大小受到樣本觀測數據數目的影響，為了消除此影響，我們將其平均，得到均方誤差 MSA 和 MSE.

組間均方誤差

$$MSA = \frac{SSA}{k-1} \tag{8-6}$$

組內均方誤差

$$MSE = \frac{SSE}{n-k} \tag{8-7}$$

根據方差分析的基本思想，我們需要比較 MSA 和 MSE 的大小，故構造一個統計量.

$$F = \frac{MSA}{MSE} \sim F(k-1, n-k) \tag{8-8}$$

如果因素的各水平對總體的影響顯著，那麼 MSA 相對較大，因而 F 也較大，此時就需要對於給定的顯著性檢驗水平來判斷 F 的臨界值，大於臨界值認為有系統誤差（即各水平下平均值有顯著差異），反之，小於臨界值認為沒有系統誤差，即各水平均值沒有顯著差異，此因素對總體沒有影響. 如圖 8-2 所示.

綜上所述，單因素方差分析的基本步驟：

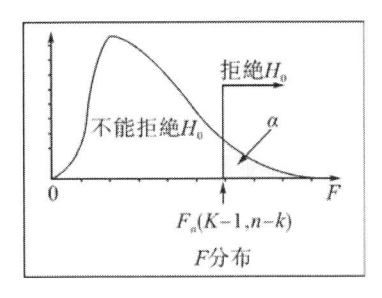

圖 8 - 2　單因素方差分析拒絕域的示意圖

(1) 提出假設

$H_0 : u_1 = u_2 = \cdots = u_k, H_1 : u_1, u_2, \cdots, u_k$ 不全等　　　　　　(8 - 9)

(2) 不全等　　　　　　(8 - 10)

檢驗 p 值大於 α 時,我們才能做方差分析

(3) 構造 F 檢驗統計量

$$F = \frac{MSA}{MSE} \sim F(k-1, n-k)$$

(4) 檢驗 p 值與顯著性水平 α 進行比較並作決策

檢驗 p 值 $> \alpha$,接受原假設,認為各水平均值相同;

檢驗 p 值 $< \alpha$,拒絕原假設,認為各水平均值不同.

回到本節例題1,通過軟件操作得到結果如表 8 - 7,8 - 8 所示:

表 8 - 7　　　　　方差齊性檢驗結果輸出表

Test of Homogeneity of Variances

sales

Levene Statistic	df1	df2	sig.
.282	3	16	.838

表 8 - 8　　　　　單因素方差分析結果輸出表

ANOVA

sates

	Sum of Squares	df	Mean Square	F	Sig.
Between Groups	76.846	3	25.615	10.486	.000
Within Groups	39.084	16	2.443		
Total	115.930	19			

表 8 - 7 為方差齊性檢驗結果表,由表 8 - 7 可知,4 個顏色下飲料的銷售量總體方差相同;表 8 - 8 為方差分析結果表,由表 8 - 8 可知,4 個顏色下飲料的銷售量均值

有顯著差異. 這裡還需說明,表 8-8 中第一列數據分別為 SSA、SSE 和 SST 的取值,第二列數據分別為對應的自由度,第三列數據分別為 MSA 和 MSE,第四列數據為 F 檢驗統計量取值,第五列為檢驗統計量的 p 值.

接下來,根據剛才的分析結果,我們知道不同顏色對飲料的銷售量是有影響的,現在我們想要尋找出到底哪些顏色之間有顯著差異,哪些顏色之間沒有顯著差異,這就需要進行多重比較.

多重比較方法有十幾種,費雪(Fisher) 提出的最小顯著差異方法(Least Significant Difference,簡寫為 LSD) 使用最多,該方法可用於判斷到底哪些均值之間有差異. LSD 方法是對檢驗兩個總體均值是否相等的 t 檢驗方法,其 t 檢驗統計量取值為

$$t = \frac{x - y}{s_p \sqrt{\frac{1}{n_1} + \frac{1}{n_2}}} \qquad (8-11)$$

多重比較本質上就是兩兩比較的總體均值的 t 檢驗,其基本步驟見 8.1,這裡需要注意的是,若有 k 個水平,則要做 $(k-1)!$ 個總體均值的比較,即要做 $(k-1)!$ 個 t 檢驗.

就例 1,我們通過做多重比較繼續尋找到底哪些水平的均值之間有顯著差異,通過軟件操作得到結果如表 8-9 所示,可知無色和粉色之間、無色和綠色之間、粉色和橘黃色之間、橘黃色和綠色之間存在顯著差異,而無色和橘黃色之間無顯著差異,粉色和綠色之間無顯著差異.

表 8-9　　　　　　　　　　多重比較結果輸出表

Multiple Comparisons

Dependent Variable: sales
LSD

(I) 飲料顏色	(J) 飲料顏色	Mean Difference (I-J)	Std. Error	Sig.	95% Confidence Interval Lower Bound	Upper Bound
无色	粉色	-2.240 00*	.988 48	.038	-4.335 5	-.144 5
	橘黄色	.880 00	.988 48	.387	-1.215 5	2.975 5
	绿色	-4.140 00*	.988 48	.001	-6.235 5	-2.044 5
粉色	无色	2.240 00*	.988 48	.038	.144 5	4.335 5
	橘黄色	3.120 00*	.988 48	.006	1.024 5	5.215 5
	绿色	-1.900 00	.988 48	.073	-3.995 5	.195 5
橘黄色	无色	-.880 00	.988 48	.387	-2.975 5	1.215 5
	粉色	-3.120 00*	.988 48	.006	-5.215 5	-1.024 5
	绿色	-5.020 00*	.988 48	.000	-7.115 5	-2.924 5
绿色	无色	4.140 00*	.988 48	.001	2.044 5	6.235 5
	粉色	1.900 00	.988 48	.073	-.195 5	3.995 5
	橘黄色	5.020 00*	.988 48	.000	2.924 5	7.115 5

*. The mean difference is significant at the 0.05 level.

第三節　雙因素方差分析

在上一節理解了單因素方差分析的基本原理和基本步驟以後,我們可以構建單因素方差分析模型了:

$$y_{ij} = u + \alpha_i + \varepsilon_{ij} \quad (8-12)$$

其中 y_{ij} 為每一個觀測數據,u 為所有觀測數據的平均值,α_i 為第 i 種水平對總平均值的影響,ε_{ij} 表示 y_{ij} 這個觀測值在第 i 個水平平均收入下的隨機誤差.將方差分析過程以模型函數的形式進行解釋後,方便我們進行擴展,擴展為多因素的方差分析.

舉一個生活中大家可能都思考過的例子:我們去超市購物前,會有很多超市的選擇,可以去大型連鎖超市,也可以去小區樓下的便利店;當我們進入到超市以後,尋找需要購買的物品,我們可能首先會看與自己身高平齊的貨架,然後再看頭頂上方或下方的貨架.這些購物的選擇和習慣可能都會影響商品的銷售量.當然,對於不同的商品,它的銷售量受到超市大小和貨架位置的影響程度也會不同,甚至沒有影響.人們對這個問題都會結合自己的生活經驗做出主觀判斷,但是是否有影響以及影響程度如何還是需要用數據來說話.針對這個問題,如果用雙因素方差分析模型來解釋,可以表示為下面的函數模型:

$$y_{ijk} = u + \alpha_i + b_j + \alpha b_{ij} + \varepsilon_{ijk} \quad (8-13)$$

其中 y_{ijk} 表示某種商品的銷售額,α_i 表示超市規模對該商品銷售額的影響,b_j 表示貨架位置對該商品銷售額的影響,αb_{ij} 表示超市規模和貨架位置交互作用後對該商品銷售額的影響,ε_{ijk} 表示隨機波動或隨機誤差造成的商品銷售額變動.

通過這個模型,我們就可以將商品銷售額的變化拆解為五部分.通過對比五個部分引起的商品銷售額變化的大小,從而判斷每部分對商品銷售額的影響程度是否顯著.下面我們用 SPSS 做該案例的雙因素方差分析,幫助大家用雙因素方差分析模型來理解分析結果.

例2　某省經銷商經過努力終於拿到了某種商品在該省的經銷權,接下來準備將這種商品鋪入超市.在正式大規模鋪貨前,經銷商老板安排市場部做市場調研,研究超市規模和貨架位置對該種商品銷售額的影響,以此作為接下來鋪貨的行動參考.數據如表 8-10 所示:

表 8 - 10

超市規模	貨架位置	銷售額
1	1	45.0
1	1	50.0
1	2	56.0
1	2	63.0
1	3	65.0
1	3	71.0
1	4	48.0
1	4	53.0
2	1	57.0
2	1	65.0
2	2	69.0
2	2	78.0
2	3	73.0
2	3	80.0
2	4	60.0
2	4	57.0

分析步驟

1. 選擇菜單【分析】-【一般線性模型】-【單變量】,在跳出的對話框中做如下操作.將年銷售額選為因變量,將超市規模和貨架層選為固定因子,如圖 8 - 3 所示.

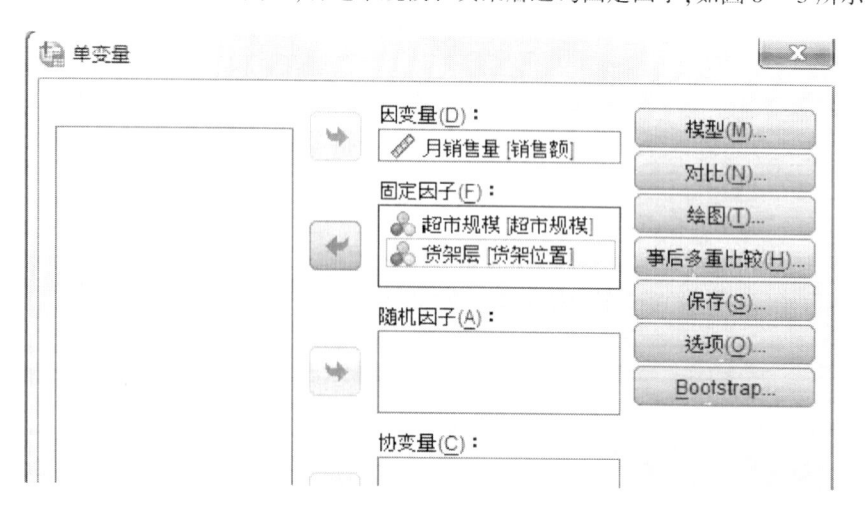

圖 8 - 3　單變量對話框

2.【模型】和【對比】兩個模塊保持系統默認狀態,也就是全模型,既包括主效應

也包括交互效應. 點擊【繪圖】按鈕,將「超市規模」選入水平軸,點擊添加;將「貨架位置」選入水平軸,點擊添加;再將「超市規模」選入水平軸,「貨架位置」選入單圖,如圖 8 – 4 所示,然後點擊確認.

圖 8 – 4　單變量:概要圖對話框

3. 點擊【事後多重檢驗】,選擇 $S-N-K$ 如圖 8 – 5 所示;點擊繼續;再點擊確認,輸出結果如表 8 – 11 所示.

圖 8 – 5　單變量:觀測平均值的事後多重比較對話框

表 8 – 11 及解釋
1. 方差分析表

表 8 – 11　　　　　　　　　　雙因素方差分析表

因變量:周銷售量

源	Ⅲ 型平方和	df	均方	F	Sig.
校正模型	3,019.333[a]	11	274.485	12.767	.000
截距	108,272.667	1	108,272.667	5,035.938	.000
超市規模	1,828.083	2	914.042	42.514	.000
貨架位置	1,102.333	3	367.444	17.090	.000
超市規模 * 貨架位置	88.917	6	14.819	.689	.663
誤差	258.000	12	21.500		
總計	111,550.000	24			
校正的總計	3277.333	23			

a. R 方 = .921(調整 R 方 = .849)

「修正的模型」是對方差分析模型的檢驗,其原假設為模型中所有的影響因素均無作用,即超市規模、貨架位置、兩者的交互作用均對該商品的銷量沒有影響.結果顯示,該檢驗的顯著性等於 0.000,小於 0.05,因此所用的雙因素方差分析模型有統計學意義,上面提到的超市規模、貨架位置和交互作用中至少有一個對該商品的銷售有影響.截距在該模型中沒有實際意義,因此這裡不做考慮.「超市規模」和「貨架位置」的限制性等於 0.000,小於 0.05,因此這兩項對商品銷售是有作用的.而超市規模和貨架位置交互項的顯著性等於 0.663,大於 0.05,因此該項對商品銷售沒有顯著性影響.

2. 事後兩兩檢驗(即多重比較)

這裡我們使用 S – N – K 方法,結果如表 8 – 12 所示.

表 8 – 12　　　　　　　　S – N – K 多重比較法輸出結果表

周銷售量

Student – Newman – Keuls[a,b]

超市規模	N	子集 1	2	3
小型	8	56.375		
中型	8		67.375	
大型	8			77.750
Sig.		1.000	1.000	1.000

周銷售量

Student – Newman – Keuls^{a,b}　　　　　　　　　　　　　　　　　表 8 – 12(續)

貨架層	N	子集 1	子集 2	子集 3
第四層	6	60.667		
第一層	6	60.833		
第二層	6		70.500	
第三層	6			76.667
Sig.		.951	1.000	1.000

　　$S-N-K$ 結果顯示:超市規模越大,該商品的銷售額就越大;而 4 種貨架位置也對該商品的銷售額有影響,其中第三層位置的銷售額最大,其次為第二層位置,第一層和第四層位置的銷售額最小. 以上結果是相互獨立的,兩者之間無交互作用.

　　3. 邊際平均值輪廓圖:

　　輪廓圖 8 – 6 的每一個點表示一個平均值,從圖上可以清楚知道超市規模和貨架位置的不同類別對商品銷售量的影響程度變化. 最後一幅圖是囊括兩個分類變量的輪廓圖,如果兩個分類變量有交互作用,在該圖中會出現線段交叉的線性,如果沒有交互作用,則線段基本平行. 因此從該圖也能看出貨架位置和超市規模交互作用以後對該商品銷售量沒有影響.

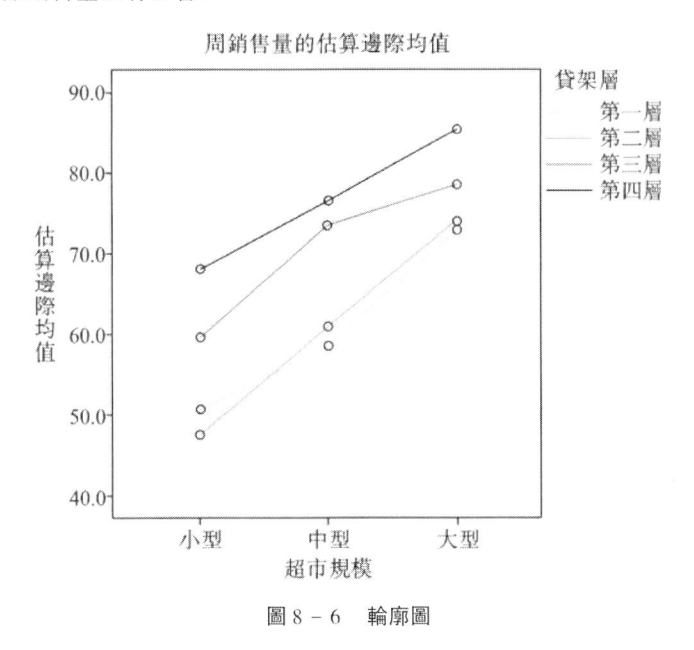

圖 8 – 6　輪廓圖

　　4. 殘差圖

　　如果模型擬合效果很好,那麼預測值和實測值應當有明顯的相關,會呈現出較

好的直線趨勢,而標準化殘差則應當完全隨機地在零上下分佈,不會隨預測值的上升而出現變動趨勢.如圖8-7所示,觀察值和預測值的交叉圖中,散點的分佈呈現為直線,而觀察值、平均數殘差以及預測值:平均數參數則表現為隨意分佈,因此該模型的擬合效果很好.

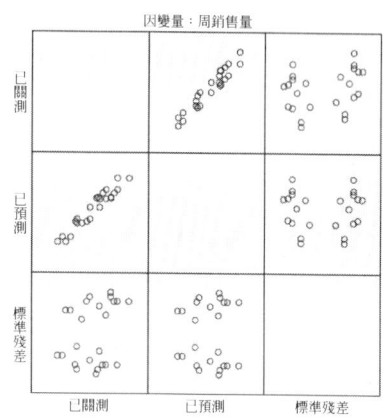

圖8-7 殘差圖

綜上可得,超市規模和貨架位置都會對該商品的銷售量有顯著性影響,而它們之間交互後則對該商品銷售量沒有影響.通過事後檢驗可以知道,超市規模越大,該商品賣得越好;與人體身高基本相當的第三層貨架賣得最好,而離人們視線最遠的第一和第四層銷量最差.綜上所述,經銷公司在大規模鋪貨時應該盡量選擇大超市和離人們視線最近的貨架.

第四節　　多因素方差分析

下面介紹多因素方差分析.單因素方差分析和多因素方差分析都是針對一個因變量的方差分析方法,單因素方差分析是通過分析單個因素(自變量)的不同水平對應因變量的數據變化來判斷該因素是否對因變量有影響;多因素方差分析則包含兩個以上的因素(自變量),不僅需要考慮每個因素單獨對因變量的影響,還需要考慮因素之間交互作用以後對因變量的影響.下面兩個表格8-13、8-14是單因素方差分析和雙因素方差分析的數據整理表格.

表 8 - 13　　　　　　　　單因素方差分析數據結構表

單因素方差分析

因素A＼實驗	1	2	3	4	5
A_1水平					
A_2水平		因變量數據			
A_3水平					
A_4水平					

表 8 - 14　　　　　　　　雙因素方差分析數據結構表

雙因素方差分析

因素A＼因素B	B_1水平	B_2水平	B_3水平	B_4水平	B_5水平
A_1水平					
A_2水平		因變量數據			
A_3水平					
A_4水平					

一、多因素方差分析原理

我們以雙因素方差分析為例,介紹多因素方差分析原理.假設因變量可能受兩個因素(自變量)A 和 B 的影響,其中因素 A 有 p 個水平,因素 B 有 q 個水平,則兩個因素的交叉將因變量數據分成了 $P \times Q$ 個水平,如表 8 - 14 所示.

分析 A 和 B 兩個因素對於因變量的影響,仍然是從因變量的樣本方差開始,樣本的總方差 SST 可以分解為:

$$SST = SSA + SSB + SSAB + SSE \qquad (8-14)$$

SSA 代表因素 A 引起的因變量數據變化的方差;SSB 代表因素 B 引起的方差;SSAB 表示因素 A 和因素 B 交互作用引起的方差;SSE 代表隨機誤差.假如因素 A 的水平發生變化,比如從水平 1 變化到水平 2,無論因素 B 取那個水平,因變量觀測值都要同時增加或同時減小,表示因素 A 的變化就可以決定觀測值的變化,此時稱 A 和 B 沒有交互作用;如果因素 A 從水平 1 變化到水平 2,因變量觀測值在 B 的不同水平上變化方向不同,在有些水平上增加,有些水平上減小,也就是需要 A 和 B 交叉的水平才能確定因變量的變化,此時稱因素 A 和 B 存在交互作用.

二、分析步驟

(1) 提出成對假設;原假設為各因素的各個水平下,因變量的均值沒有顯著性差異;備擇假設是各因素的各個水平下,因變量的均值不完全相同.

(2) 構造 F 統計量.

$$F_A = \frac{SSA/(p-1)}{SSE/(n-pq)} = \frac{MSA}{MSE} \qquad (8-15)$$

$$F_B = \frac{SSB/(q-1)}{SSE/(n-pq)} = \frac{MSB}{MSE} \qquad (8-16)$$

$$F_{AB} = \frac{SSAB/(p-1)(q-1)}{SSE/(n-pq)} = \frac{MSAB}{MSE} \qquad (8-17)$$

(3) 計算 F 值及 P 值,做出判斷;SPSS 會自動計算各統計量觀測值和對應的概率 p 值,並以表格方式輸出. 根據 P 值,進行統計檢驗. 如果 P 值大於顯著水平,則不能拒絕原假設,認為在因素水平上沒有顯著差異;如果 P 值小於顯著水平,則拒絕原假設,認為有顯著差異.

三、案例分析

例 1 2016 年的考研人數創造了歷史新高,其中一個重要原因是人們普遍認為學歷與薪資收入成正比. 現有一份社會調查數據,數據如表 8-15 所示,採集了 470 名公司員工的學歷、工資和工作年限等 7 項信息. 用多因素方差分析方法分析性別和學歷對他們的薪資是否有顯著影響.

表 8-15　　　　　　　多因素方差分析數據結構表

編號	性別	教育年限	當前工資	起始工資	學歷	地區	工作年限
1	2	15	142500	67500	2	4	3
2	2	16	100500	46875	2	2	2
3	1	12	53625	30000	1	4	2
4	1	8	54750	33000	1	2	1
5	2	15	112500	52500	2	5	1
6	2	15	80250	33750	2	2	1
7	2	15	90000	46875	2	3	2
8	1	12	54750	24375	1	4	1
9	1	15	69750	31875	2	4	1

解　分析步驟

1. 選擇【分析】-【一般線性模型】-【單變量】,如圖 8-8 所示,在跳出對話框中將工資選入因變量框,將學歷和性別選入固定因子框.

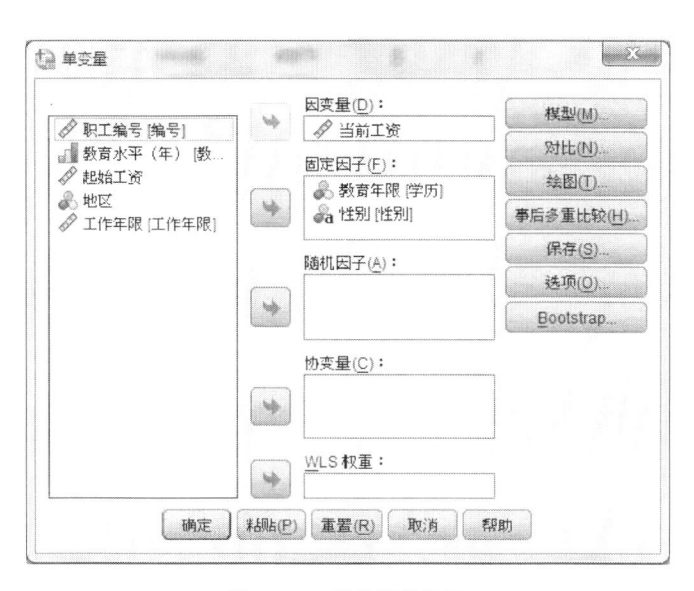

圖 8 - 8　單變量對話框

2. 概要圖設置;點擊繪圖按鈕,將學歷選為水平軸,性別選入單圖,點擊添加,如圖 8 - 9 所示.

圖 8 - 9　單變量:概要圖

3. 點擊【選項】按鈕,按圖 8 - 10 所示操作,其他保持系統默認設置,點擊輸出結果.

圖 8 - 10　單變量:選項

結果分析：

1. 主體間因子列表

表 8 - 16　　　　　　　　　　**主體因子列表**

主體間因子

		值標籤	N
教育年限	1	高中及以下	243
	2	大學	181
	3	研究生	50
性別	1	女	227
	2	男	247

表 8 - 16 顯示共有教育年限和性別兩個因子，分別包含三個水平和兩個水平，數字表示因子各水平對應的樣本個案數。

2. 方差齊性檢驗結果

表 8 - 17 顯示顯著性 p 等於 0.000，小於 0.05，說明方差齊性檢驗未通過，因此事後多重比較表也不具有參考價值。

表 8 - 17　　　　　　　　　　方差齊性檢驗結果表

誤差方差等同性的 Levene 檢驗[a]

因變量:當前工資

F	df1	df2	Sig.
22.792	5	468	.000

3. 主體間效應檢驗表

表 8 - 18 所示修正的模型對應的 p 值為 0.000，小於 0.05，說明學歷和性別兩個因素中至少有一個對當前工資的影響是顯著的；學歷的主效應 F 值為 226.372，P = 0.000，達到非常顯著的水平，說明學歷對當前工資影響很大；性別對應的 P 值為 0.022，小於 0.05，說明性別對當前工資的影響也是顯著的；學歷和性別的交互效應 P 值為 0.111，大於顯著水平 0.05，說明學歷和性別交互作用後對當前工資的影響不顯著。

表 8 - 18　　　　　　　　　　主體間效應的檢驗

因變量:當前工資

源	III 型平方和	df	均方	F	Sig.	偏 Eta 方	非中心 參數	觀測到的冪[b]
校正模型	497483159993.623[a]	5	99496631998.725	127.751	.000	.577	638.753	1.000
截距	2781031421735.353	1	2781031421735.353	3570.757	.000	.884	3570.757	1.000
學歷	352613047188.115	2	176306523594.058	226.372	.000	.492	452.744	1.000
性別	4107036315.037	1	4107036315.037	5.273	.022	.011	5.273	.630
學歷 * 性別	3437277445.108	2	1718638722.554	2.207	.111	.009	4.413	.450
誤差	364494936483.499	468	778835334.366					
總計	4371671480781.250	474						
校正的總計	861978096477.122	473						

a. R 方 = .577(調整 R 方 = .573)

b.使用 alpha 的計算結果 = .05

4. 概要圖

由圖 8 - 11 可知，當前工資的均值在男女性別的兩個水平上都隨著教育年限的增加呈上升趨勢.兩條線有交叉，說明教育年限和性別有交互效應，但是從主體間效應檢驗表可知，交互效應沒有達到顯著性程度.

綜合結論:數據分析結果顯示學歷對工資收入有顯著性影響，這也證明考研人數屢創新高有其合理性.性別對收入也有顯著影響，只是影響程度不及學歷因素，說明社會發展到現在，職場對女性的歧視正在逐步降低，但是並未完全消失，仍需社會各方的努力.性別與學歷交互後對工資收入沒有顯著影響，說明兩者之間不存在明顯的交互作用.

當前工資的估算邊際均值

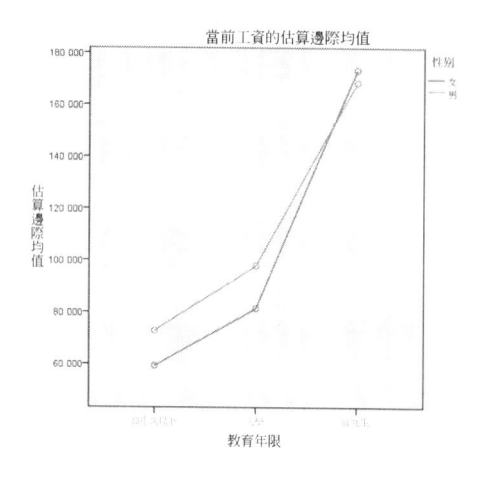

教育年限

圖 8－11　概要圖

習題八

1. 某次方差分析所得到的一張不完全的方差分析表如下，據此回答下列問題：

變異數

Levene Statistic	df1	df2	Sig.
.212	3	19	.887

ANOVA

	Sum of Squares	df	Mean Square	F	Sig.
Between Groups	1456.99	B	485.66	D	.041
Within Groups	A	C	144.68		
Total	4205.83	22			

Multiple Comparisons

Dependent Variable 教師次數
LSD

(I) 行业	(J) 行业	Mean Difference (I-J)	Std. Error	Sig.	95% Confidence Interval Lower Bound	Upper Bound
1	2	.833	6.692	.902	-13.17	14.84
	3	14.000	7.043	.061	-.74	28.74
	4	-10.000	7.043	.172	-24.74	4.74
2	1	-.833	6.692	.902	-14.84	13.17
	3	13.167	7.283	.087	-2.08	28.41
	4	-10.833	7.283	.153	-26.08	4.41
3	1	-14.000	7.043	.061	-28.74	.74
	2	-13.167	7.283	.087	-28.41	2.08
	4	-24.000	7.607	.005	-39.92	-8.08
4	1	10.000	7.043	.172	-4.74	24.74
	2	10.833	7.283	.153	-4.41	26.08
	3	24.000	7.607	.005	8.08	39.92

*. The mean difference is significant at the 0.05 level.

（1）求 A,B,C,D 的值；

（2）說明此方差分析的原假設和備擇假設；

（3）是否滿足方差齊性的要求；

（4）在顯著水平為 $\alpha = 0.05$ 時，說明方差分析的結果是什麼；

（5）找出具體哪些行業之間的服務質量存在顯著性差異.

2. 一家牛奶公司有4臺機器裝填牛奶，每桶的容量為4L. 下面是從4臺機器中抽取的樣本數據：

機器1	機器2	機器3	機器4
4.05	3.99	3.97	4.00
4.01	4.02	3.98	4.02
4.02	4.01	3.97	3.99
4.04	3.99	3.95	4.0l
4.00	4.00		
4.00			

取顯著性水平 $a = 0.01$，檢驗4臺機器的裝填量是否相同？

3. 有5種不同品種的種子和4種不同的施肥方案，在20塊同樣面積的土地上，分別採用5種種子和4種施肥方案搭配進行試驗，取得的收穫量數據如下表：

品種	施肥方案			
	1	2	3	4
1	12.0	9.5	10.4	9.7

表(續)

品種	施肥方案			
	1	2	3	4
2	13.7	11.5	12.4	9.6
3	14.3	12.3	11.4	11.1
4	14.2	14.0	12.5	12.0
5	13.0	14.0	13.1	11.4

檢驗種子的不同品種對收穫量的影響是否有顯著差異？不同的施肥方案對收穫量的影響是否有顯著差異($a = 0.05$)？

4. 一家超市連鎖店準備進行一項研究,想要確定超市所在的位置和競爭者的數量對銷售額是否有顯著影響. 下面是獲得的月銷售額數據(單位:萬元).

超市位置	競爭者數量			
	0	1	2	3個以上
位於市內居民小區	41	38	59	47
	30	31	48	40
	45	39	51	39
位於寫字樓	25	29	44	43
	31	35	48	42
	22	30	50	53
位於郊區	18	72	29	24
	29	17	28	27
	33	25	26	32

取顯著性水平 $a = 0.01$,檢驗:
(1) 競爭者的數量對銷售額是否有顯著影響？
(2) 超市的位置對銷售額是否有顯著影響？
(3) 競爭者的數量和超市的位置對銷售額是否有交互影響？

第九章　相關分析

引言：大家熟知的「蝴蝶效應」說的是：一只南美洲亞馬孫河邊熱帶雨林中的蝴蝶，偶爾扇幾下翅膀，就有可能在兩週後引起美國得克薩斯的一場龍捲風．因為蝴蝶翅膀的運動，導致其身邊的空氣系統發生變化，並引起微弱氣流的產生，而微弱氣流的產生又會引起它四周空氣或其他系統產生相應變化，由此引起連鎖反應，最終導致其他系統的極大變化．「蝴蝶效應」聽起來有點荒誕，但說明了事物發展的結果，對初始條件具有極為敏感的依賴性；初始條件的極小偏差，將會引起結果的極大差異．

而對於蝴蝶效應發展到當下，在不同的環境中其意義也不同了：

「蝴蝶效應」在社會學界用來說明：一個壞的微小的機制，如果不加以及時地引導、調節，會給社會帶來非常大的危害，我們戲稱為「龍捲風」或「風暴」；一個好的微小的機制，只要正確指引，經過一段時間的努力，將會產生轟動效應，我們將其稱為「革命」。

在經濟學中，「蝴蝶效應」是指經濟中作為投入的經濟自變量的微小變化可以導致經濟因變量的巨大變化．在外匯交易市場中就有這種蝴蝶效應．蝴蝶效應的後果是政策制定者很難掌握他們的決策會造成什麼樣的後果．

「蝴蝶效應」也是學習型組織理論的重要內容，是現代管理中的重要理念，它告誡企業在發展過程中一定要注意防微杜漸，以避免因管理瑕疵問題不斷發展而導致重大的事故．

本章我們介紹相關分析的基本方法，希望能夠幫助解決實際生活中的若干問題．

第一節　相關分析概述

一、相關分析的一般問題

我們現在來看看在經濟學中，作為投入的經濟自變量的微小變化可以導致經濟因變量的巨大變化，說明了一個經濟變量對另一個經濟變量的影響．一提到變量，就是我們熟知的函數裡面的自變量和因變量，它們所確定的一個確定性的函數關係．而在實際生活中，兩個變量之間還有很多其他的關係，那麼現在我們來看一下現實生活中兩個變量之間的關係到底有哪些．

第一種，一個變量的變化能由另一個變量完全確定，這種關係稱為確定性的函

數關係. 例如, 銀行的一年期存款利率為 2.55%, 存入的本金用 x 表示, 到期的本息用 y 表示, 則 $y = x + 2.55\%x$. 再如圓的面積與半徑之間、某保險公司汽車承保總收入與每輛車的保費收入之間, 等等. 通過畫散點圖可以看到確定性的函數關係, 各對應點完全落在一條直線或者曲線上.

另外一種, 兩事物之間有著密切的聯繫, 但它們密切的程度並沒有到一個可以完全確定另外一個, 這種關係我們稱為不確定性的相關關係. 例如, 儲蓄額與居民的收入密切相關, 但是由居民收入並不能完全確定儲蓄額. 因為影響儲蓄額的因素很多, 如通貨膨脹、股票價格指數、利率、消費觀念、投資意識等. 因此產儘儲蓄額與居民收入有密切的關係, 但它們之間並不存在一種確定性關係. 再如廣告費支出與商品銷售額、保險利潤與保費收入、工業產值與用電量, 等等. 通過畫散點圖可以看到非確定性的相關關係, 各對應點散落在一條直線或者曲線附近.

關於這種非確定性的相關關係, 我們常用的分析方法主要有兩大類: 相關分析和迴歸分析. 這兩種分析方法通常相互結合和滲透, 但它們研究的側重點和應用面卻不同. 它們的差別主要有以下幾點: 一是在迴歸分析中, y 稱為因變量, 處於被解釋的特殊地位, 而在相關分析中, y 與 x 處於平等的地位, 即研究 y 與 x 的密切程度和研究 x 與 y 的密切程度是一回事; 二是相關分析中所涉及的變量 y 與 x 全是隨機變量, 而迴歸分析中, y 是隨機變量, x 可以是隨機變量, 也可以是非隨機的確定變量; 三是相關分析的研究主要是為刻畫兩類變量間線性相關的密切程度, 而迴歸分析不僅可以揭示變量 x 對變量 y 的影響大小, 還可以得到 y 和 x 之間關係的表達式, 從而進行預測和控制.

相關分析主要從如下三個方面去分析:

(1) 通過繪製散點圖直觀判定變量之間是否可能存在相關關係以及存在什麼樣的相關關係;

(2) 用樣本相關係數具體刻畫變量之間的相關關係強度;

(3) 樣本相關係數僅僅說明通過抽樣得到的變量數據所具有的相關關係強度, 針對總體是否具有相同的相關關係則需要進行顯著性檢驗.

① $H_0 : \rho = 0; H_1 : \rho \neq 0$ \hfill (9 – 1)

② 構造檢驗統計量為 t 檢驗統計量 (由於不同的分析內容要求的 t 不一樣, 所以在此就不做更多的說明)

③ 作決策, 檢驗 P 值大於顯著性水平 a, 接受原假設, 認為兩變量沒有相關關係; 檢驗 P 值小於顯著性水平 a, 拒絕原假設, 認為兩變量總體之間存在相關關係.

二、相關分析的種類

常用的相關性分析包括: 皮爾遜 (*Pearson*) 相關、斯皮爾曼 (*Spearman*) 相關、肯德爾 (*Kendall*) 相關和偏相關. 下面介紹前三種相關分析技術, 並用實際案例說明如何用 SPSS 使用這三種相關性分析技術. 三種相關性檢驗技術, 皮爾遜相關性的精確

度最高,但對原始數據的要求最高. 斯皮爾曼等級相關和肯德爾一致性相關的使用範圍更廣,但精確度較差.

1. 皮爾遜相關

皮爾遜相關是利用相關係數來判定數據之間的線性相關性,相關係數 r 的公式如下:

$$r = \frac{\delta_{xy}^2}{\delta_x \delta_y} = \frac{\sum [(x_i - \bar{x})(y_i - \bar{y})]}{\sqrt{\sum (x_i - x)^2 \cdot \sum (y_i - y)^2}} \qquad (9-2)$$

其中 δ_{xy}^2 是兩個數據序列 X 和 Y 的協方差,度量兩個隨機變量協同變化程度的方差.

數據要求:

(1) 正態分佈的定距變量;

(2) 兩個數據序列的數據要一一對應,等間距等比例. 數據序列通常來自對同一組樣本的多次測量或不同視角的測量.

結論分析:

在皮爾遜相關性分析中,能夠得到兩個數值:相關係數(r) 和檢驗概率($Sig.$). 對於相關係數 r,有以下判定慣例:當 r 的絕對值大於 0.6,表示高度相關;在 0.4 到 0.6 之間,表示相關;小於 0.4,表示不相關. r 大於 0,表示正相關;r 小於 0,表示負相關. 雖然相關係數能夠判別數據的相關性,但是還是要結合檢驗概率和實際情況進行判定,當檢驗概率小於 0.05 時,表示兩列數據之間存在相關性.

2. 斯皮爾曼相關

當定距數據不滿足正態分佈,不能使用皮爾遜相關分析,這時,可以在相關分析中引入秩分,借助秩分實現相關性檢驗,即先分別計算兩個序列的秩分,然後以秩分值代替原始數據,代入到皮爾遜相關係數公式中,得到斯皮爾曼相關係數公式:

$$r = 1 - 6\sum \frac{(x_i - y_i)^2}{n^2 - n} = 1 - \frac{6\sum (x_i - y_i)^2}{n^2 - n} \qquad (9-3)$$

數據要求:

(1) 不明分佈類型的定距數據;

(2) 兩個數據序列的數據一一對應,等間距等比例. 數據序列通常來自對同一組樣本的多次測量或不同視角的測量.

結論分析:

在斯皮爾曼相關性分析中,也能夠得到相關係數(r) 和檢驗概率($Sig.$),當檢驗概率小於 0.05 時,表示兩列數據之間存在相關性.

3. 肯德爾相關

當既不滿足正態分佈,也不是等間距的定距數據,而是不明分佈的定序數據時,不能使用皮爾遜相關和斯皮爾曼相關. 此時,在相關分析中引入「一致對」的概念,借

助「一致對」在「總對數」中的比例分析其相關性水平. 肯德爾相關係數計算公式如下:

$$r = \frac{N_c - N_d}{n(n-1)/2} = \frac{2(N_c - N_d)}{n(n-1)} \quad (9-4)$$

肯德爾相關實質上是基於查看序列中有多少個順序一致的對子的這個思路來判斷數據的相關性水平. 在肯德爾相關性檢驗中,其核心思想是檢驗兩個序列的秩分是否一致增減. 因此,統計兩序列中的「一致對」和「非一致對」的數量就非常重要. 下面舉例說明肯德爾相關係數的計算過程:

假設有兩個數據序列 A 和 B 的秩分序列分別是 $\{2,4,3,5,1\}$, $\{3,4,1,5,2\}$,即相對應的秩對為 $(2,3)(4,4)(3,1)(5,5)(1,2)$. 在按照 A 的秩分排序後,得到新的秩對 $(1,2)(2,3)(3,1)(4,4)(5,5)$,此時 B 的秩分序列變成了 $\{2,3,1,4,5\}$. 在這種情況下,針對第一個 B 值 2,後面有 3,4,5 比它大,有 1 比它小,所以一致對為 3,非一致對為 1;第二個數字 3,有 4,5 比它大,有 1 比它小,所以一致對為 2,非一致對為 1;依次類推,總共有 8 個一致對,2 個非一致對. 即 $Nc = 8, Nd = 2$.

數據要求:

(1) 適用於不明分佈的定序數據;

(2) 皮爾遜相關適用於正態分佈定距數據;斯皮爾曼相關適用於不明分佈定距數據;肯德爾相關適用於不明分佈定序數據.

結論分析:

在肯德爾相關性分析中,能夠得到兩個數值:相關係數(r)和檢驗概率($Sig.$),當檢驗概率小於 0.05 時,表示兩列數據之間存在相關性.

三、案例分析

例1 現在有一份《學生成績數據》,如表 9 - 1 所示. 請分析其中的語文、數學、英語、歷史、地理成績之間的相關性.

表 9 - 1　　　　　　　　學生成績數據表

学号	姓名	性别	专业	zy	籍贯	jg	爱好	ah	语文	数学	英语	历史	地理	政治
201601	纪海燕	女	生物工程	1	广东	1	科学	1	94.0	84.0	82.0	71.0	63.0	70.0
201602	李军	男	计算机	2	江西	2	文学	2	80.0	94.0	81.0	75.0	64.0	69.0
201603	明汉琴	女	应用化学	3	湖南	3	艺术	3	75.0	93.0	87.0	67.0	65.0	56.0
201604	沈亚杰	男	文学	4	浙江	4	科学	1	84.0	86.0	88.0	76.0	60.0	56.0
201605	时扬	男	经济学	5	山西	5	文学	2	85.0	89.0	78.0	74.0	66.0	65.0
201606	汤丽丽	女	英语	6	陕西	6	艺术	3	88.0	87.0	84.0	69.0	69.0	68.0
201607	王丹	女	生物工程	1	广东	1	科学	1	81.0	85.0	87.0	74.0	70.0	59.0
201608	吴凤祥	男	计算机	2	江西	2	文学	2	79.0	77.0	86.0	72.0	63.0	60.0
201609	肖丽丽	女	应用化学	3	湖南	3	艺术	3	88.0	84.0	80.0	77.0	58.0	69.0
201610	徐丽云	女	文学	4	浙江	4	科学	1	81.0	78.0	76.0	77.0	70.0	64.0
201611	颜刚	男	经济学	5	山西	5	文学	2	84.0	88.0	87.0	80.0	72.0	56.0

分析:觀察圖中數據可知,需要分析的數據都是定距數據,而且它們來自同一組

樣本(同一批學生)的多次多視角測試(不同學科考試),可以使用皮爾遜相關分析和斯皮爾曼相關分析.先對原始數據進行正態分佈檢驗,對於滿足正態分佈檢驗的變量使用皮爾遜相關性分析,不滿足正態分佈檢驗的變量則使用斯皮爾曼等級相關檢驗.

解

(1)利用【分析】-【非參數檢驗】-【舊對話框】-【1樣本 $K-S$】命令對語文、數學、英語、歷史和地理成績進行正態分佈檢驗.

(2)利用【分析】-【相關】-【雙變量】命令,在相關係數中選擇【$Pearson$】,對語文、數學、英語和地理成績進行皮爾遜相關性檢驗.

(3)利用【分析】-【相關】-【雙變量】命令,在相關係數中選擇【$Spearman$】,對歷史、語文、數學、英語和地理成績進行斯皮爾曼相關性檢驗.

結果解讀:

(1)正態性檢驗結果

由表9-2可知除歷史以外,其他數據變量的檢驗概率都大於0.05,都符合正態分佈.

表9-2　　　　　　　　　單一樣本 K-S 檢驗結果表

		語文	數學	英語	歷史	地理
N		60	60	60	60	60
正態參數[a,b]	均值	80.533	85.533	84.300	75.317	65.150
	標準差	4.5565	4.2724	4.7810	4.8590	4.7078
最極端差別	絕對值	.085	.110	.100	.123	.081
	正	.074	.099	.100	.123	.081
	負	-.085	-.110	-.081	-.066	-.065
$Kolmogorov-Smirnov\ Z$		.658	.851	.771	.956	.624
漸近顯著性(雙側)		.780	.464	.592	.320	.832

a.檢驗分佈為正態分佈.

b.根據數據計算得到.

(2)如表9-3所示,語文、數學、英語和地理成績之間的所有檢驗概率都大於0.05,說明它們之間都不存在相關性;同時,皮爾遜相關係數都小於0.4,也證明了它們之間沒有相關性.

第九章　相關分析

表 9 - 3　　　　　　　　　　皮爾遜相關分析表

		語文	數學	英語	地理
語文	Pearson 相關性	1	.009	.164	.192
	顯著性(雙側)		.948	.209	.141
	N	60	60	60	60
數學	Pearson 相關性	.009	1	-.171	.014
	顯著性(雙側)	.948		.192	.918
	N	60	60	60	60
英語	Pearson 相關性	.164	-.171	1	.092
	顯著性(雙側)	.209	.192		.484
	N	60	60	60	60
地理	Pearson 相關性	.192	.014	.092	1
	顯著性(雙側)	.141	.918	.484	
	N	60	60	60	60

3. 在斯皮爾曼相關分析中,歷史、語文、數學、英語和地理之間的檢驗概率除了地理和語文之間小於 0.05 以外,其它都大於 0.05. 但這不能說明地理與語文成績之間存在相關性. 觀察它們的相關係數為 0.263,這說明它們之間也不存在相關性. 在確定變量之間相關性時,應該結合檢驗概率與相關係數進行分析. 不能只看其中一個數值就確定變量之間的相關性.

表 9 - 4　　　　　　　　　　斯皮爾曼相關分析表

		語文	數學	英語	地理	歷史
語文	Pearson 相關性	1	.009	.164	.192	-.109
	顯著性(雙側)		.948	.209	.141	.408
	N	60	60	60	60	60
數學	Pearson 相關性	.009	1	-.171	.014	.038
	顯著性(雙側)	.948		.192	.918	.772
	N	60	60	60	60	60
英語	Pearson 相關性	.164	-.171	1	.092	.013
	顯著性(雙側)	.209	.192		.484	.919
	N	60	60	60	60	60
地理	Pearson 相關性	.192	.014	.092	1	-.115
	顯著性(雙側)	.141	.918	.484		.380
	N	60	60	60	60	60

表(續)

		語文	數學	英語	地理	歷史
歷史	*Pearson* 相關性	-.109	.038	.013	-.115	1
	顯著性(雙側)	.408	.772	.919	.380	
	N	60	60	60	60	60

第二節　偏相關分析

相關分析是研究兩個變量共同變化的密切程度,但有時出現相關的兩個變量又同時與另外的一個變量相關,在這三個變量中,有可能只是由於某個變量充當了相關性的仲介作用,而另外的兩個變量並不存在實質性的相關關係。這種情形導致數據分析中出現「偽相關」現象,造成偽相關現象的變量被稱為「橋樑變量」。

例如,在研究大學生上網時間、游戲時間、完成作業情況、考試成績的相關性時,往往發現上網時間與作業情況、考試成績呈現不明顯的負相關性,同時上網時間又和游戲時間呈現高度正相關性,游戲時間與作業情況、考試成績也呈現為負相關性。那麼,上網時間與作業情況、考試成績之間的微弱負相關性是真的嗎?

一、偏相關分析

在數據的相關性分析中,為了摒棄橋樑變量的影響力,發現變量內部隱藏的真正相關性,人們引入了偏相關分析的概念。偏相關分析是在剔除控制變量的影響下,分析指定變量之間是否存在顯著的相關性。

在驗證了數據內部存在相關性後,如果懷疑可能存在橋樑變量,則可以把橋樑變量作為控制變量,重新進行相關性分析,檢查在排除了橋樑變量的影響力之後,其他變量之間是否還存在關聯性。如果開始有相關關係,剔除了控制變量之後,相關關係不存在了,說明控制變量為橋樑變量。

二、案例分析

現在採集到60條學生數據,分析上網時間、游戲時間、作業情況和數學成績之間的相關性,並探索本案例中是否存在橋樑變量。數據如表9-5所示:

表 9-5

学号	姓名	性别	专业	zy	籍贯	爱好	ah	上网时间	游戏时间	作业情况	数学成绩
201601	纪海燕	女	生物工程	1	广东	科学	1	41	28.70	8	87.00
201602	李军	男	计算机	2	江西	文学	2	69	48.30	4	65.00
201603	明汉琴	女	应用化学	3	湖南	艺术	3	85	59.50	2	59.00
201604	沈亚杰	男	文学	4	浙江	科学	1	84	58.80	4	61.00
201605	时扬	男	经济学	5	山西	文学	2	57	39.90	4	70.00
201606	汤丽丽	女	英语	6	陕西	艺术	3	31	21.70	8	94.00
201607	王丹	女	生物工程	1	广东	科学	1	95	66.50	2	52.00
201608	吴凤祥	男	计算机	2	江西	文学	2	89	62.30	2	57.00
201609	尚丽丽	女	应用化学	3	湖南	艺术	3	53	37.10	6	76.00
201610	徐丽云	女	文学	4	浙江	科学	1	71	49.70	4	63.00
201611	颜刚	男	经济学	5	山西	文学	2	48	33.60	6	78.00

SPSS 分析步驟

（1）選擇菜單【分析】-【相關】-【雙變量】命令，啓動四個變量的相關性分析，操作如圖 9-1 所示，將上網時間、游戲時間、作業情況和數學成績選入變量區域內，進行分析.

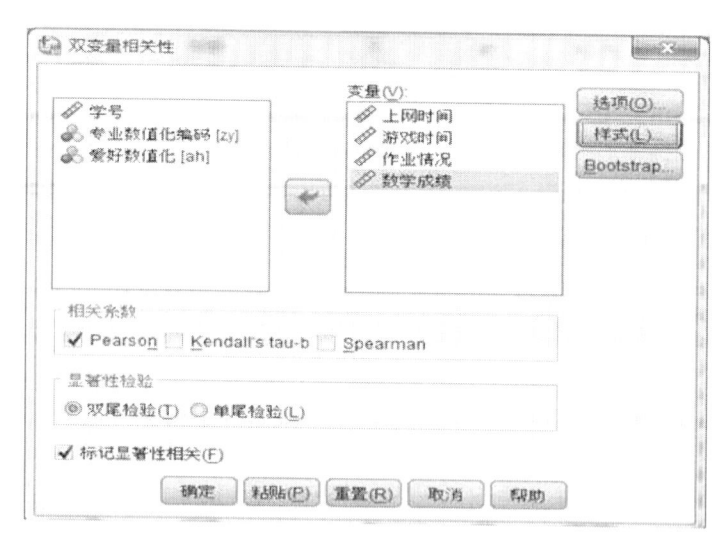

圖 9-1　雙變量相關性

（2）分析者根據實際情況，懷疑游戲時間是橋樑變量，因爲游戲時間的存在，導致另外三個變量之間存在著高度相關性．因此以游戲時間作爲控制變量，進行偏相關分析．選擇菜單【分析】-【相關】-【偏相關】命令，啓動偏相關分析，將上網時間、作業情況和數學成績選爲變量，將游戲時間選爲控制變量，如圖 9-2 所示：

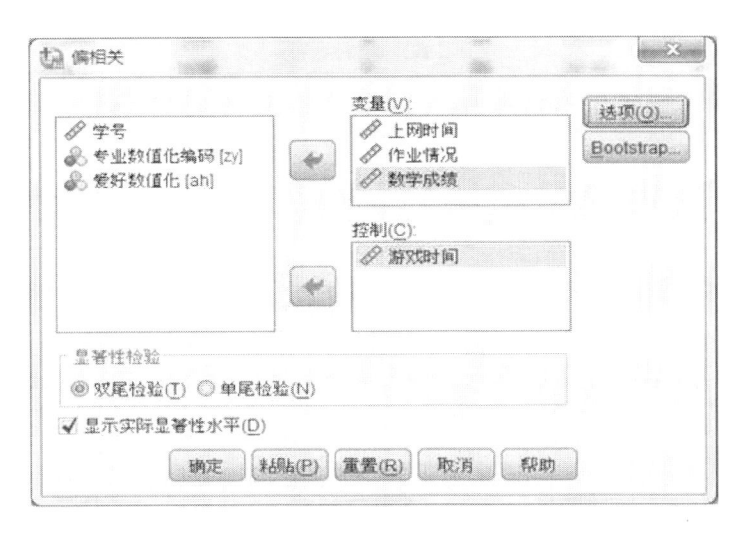

圖 9－2　偏相關

　　從表 9－6 可知,上網時間與游戲時間是正相關的(相關係數為 1,概率為 0.000);與作業情況和數學成績是負相關的(相關係數為 －0.957 和 －0.986,檢驗概率都為 0),表示這四個變量之間都存在著顯著相關性.

表 9－6　　　　　　　　　　雙變量相關分析輸出結果表

		上網時間	游戲時間	作業情況	數學成績
上網時間	Pearson 相關性	1	1.000**	－.957**	－.986**
	顯著性(雙側)		.000	.000	.000
	N	60	60	60	60
游戲時間	Pearson 相關性	1.000**	1	－.957**	－.986**
	顯著性(雙側)	.000		.000	.000
	N	60	60	60	60
作業情況	Pearson 相關性	－.957**	－.957**	1	.959**
	顯著性(雙側)	.000	.000		.000
	N	60	60	60	60
數學成績	Pearson 相關性	－.986**	－.986**	.959**	1
	顯著性(雙側)	.000	.000	.000	
	N	60	60	60	60

＊＊.在 .01 水平(雙側)上顯著相關.

　　從表 9－7 可知,當剔除游戲時間以後,上網時間與作業情況和數學成績之間的相關係數都為 0,顯著性為 1,大於 0.05,說明它們之間不存在相關性.

表 9-7　　　　　　　　　　偏相關分析輸出結果表

控制變量			上網時間	作業情況	數學成績
游戲時間	上網時間	相關性	1.000	.000	.000
		顯著性(雙側)	.	1.000	1.000
		df	0	57	57
	作業情況	相關性	.000	1.000	.307
		顯著性(雙側)	1.000	.	.018
		df	57	0	57
	數學成績	相關性	.000	.307	1.000
		顯著性(雙側)	1.000	.018	.
		df	57	57	0

在本案例中,直接分析四個變量的相關性水平發現,上網時間與作業情況、數學成績之間存在顯著相關.然而,偏相關檢驗的結論說明,上網時間與作業情況、數學成績的顯著相關是由游戲時間引起的,游戲時間在上網時間、作業情況和數學成績之間起到橋樑作用,它確實是一個橋樑變量.

第三節　　距離相關分析

前面介紹了相關分析的兩個內容:兩變量相關和偏相關,它們都是基於相關係數對變量進行相關性的判斷,而且最後的結論一般都是兩個變量之間是否存在相關性.除此之外,SPSS還提供了一種針對更加複雜變量情況的相關性分析方法:距離相關分析.

一、距離相關分析

現實生活中,事物之間的關係往往錯綜複雜,涉及的變量很多,且它們代表的信息也非常繁雜,我們通過觀察無法厘清這些變量及其觀測值之間的內在關係,為了判別錯綜複雜的變量及其觀測值之間是否具有相似性,是否屬於同一類別,通常採用更為複雜的分析手段,距離相關分析.

對於兩變量相關分析、偏相關分析和距離相關分析,我們可以做如下比喻:在某個婦科產品的廣告裡,用「你好我也好」來表達用了產品就能健康的相關關係;在朋友交往中,患難見真情幫助人們知道哪個才是真正親密的朋友;過年走親戚,用代際血緣的遠近來描述不同親戚之間的親密程度.

今天我們介紹如何用相互之間距離的遠近來進行相關分析.距離相關分析通常不單獨使用,分析結果也不會給出顯著性值,只是給出個案或變量之間距離的大小,再由研究者自行判斷其相似或不相似程度.

二、範例分析

近幾年,隨著國民經濟的發展,汽車也成為平民消費品,從而進入千家萬戶.汽車的品牌很多,每種品牌又有各種不同的型號,價格也是千差萬別,如何選擇一臺高性價比的汽車成為很多家庭迫切需要學習的知識.

決定汽車價格的因素很多,有品牌、內飾、發動機、車架材料,等等.摒棄品牌的因素,編者從網上採集了豐田在國內銷售的 9 種車型,並對每種車型的發動機性能、車架尺寸和油耗情況,共 8 個參數信息進行採集和記錄(數據如表 9-8 所示),並研究這幾個汽車參數是否與售價有相關關係.

表 9-8

品牌	型号	价格	变速箱	引擎	马力	轴距
丰田	威驰	8.58	无级变速	1.3	99	2 550.0
丰田	卡罗拉	11.78	无级变速	1.6	122	2 700.0
丰田	雷凌	11.98	无级变速	1.7	116	2 700.0
丰田	逸致	15.98	无级变速	1.8	140	2 780.0
丰田	凯美瑞	18.78	手自一体	2.0	167	2 775.0
丰田	锐志	20.98	手自一体	2.3	193	2 850.0
丰田	汉兰达	23.98	手自一体	2.3	220	2 790.0
丰田	皇冠	25.48	手自一体	2.3	193	2 925.0
丰田	普拉多	38.98	手自一体	2.7	163	2 790.0

分析步驟:

(1)選擇【分析】-【相關】-【距離】,跳出如下對話框,將引擎排量、馬力、軸距、車的長寬高,車重和油耗變量選入對話框;將型號變量設為標註個案;計算距離選擇個案間;測量選擇非相似性;測量選擇 Euclidean 距離,如圖 9-3 所示

圖 9-3 距離對話框

(2)點擊【確定】,輸出結果如表 9-9 所示:

結果解讀：

表9-9　　　　　　　　　　　近似性矩陣

	1:威馳	2:卡羅拉	3:雷凌	4:逸致	5:凱美瑞	6:銳志	7:漢蘭達	8:皇冠	9:普拉多
1:威馳	.000	335.939	344.731	430.480	644.885	638.436	936.070	901.222	1145.410
2:卡羅拉	335.939	.000	16.164	279.602	313.928	313.807	643.164	569.451	886.576
3:雷凌	344.731	16.164	.000	274.238	305.537	304.205	632.178	561.419	873.712
4:逸致	430.480	279.602	274.238	.000	441.367	385.014	595.945	652.062	776.406
5:凱美瑞	644.885	313.928	305.537	441.367	.000	139.034	412.173	268.478	691.644
6:銳志	638.436	313.807	304.205	385.014	139.034	.000	428.432	300.915	683.045
7:漢蘭達	936.070	643.164	632.178	595.945	412.173	428.432	.000	385.752	310.362
8:皇冠	901.222	569.451	561.419	652.062	268.478	300.915	385.752	.000	640.274
9:普拉多	1145.410	886.576	873.712	776.406	691.644	683.045	310.362	640.274	.000

這是一個不相似性矩陣

從售價信息可以知道，小威馳的價格是最便宜的，我們選中第一列，然後雙擊表格，右鍵選擇按距離的升序排列，結果如上。比對我們採集到的價格信息，然後按照價格信息也將9種車型進行價格的升序排列，對比兩個序列，如圖9-4，圖9-5所示：

	1:威馳
1:威馳	.000
2:卡羅拉	335.939
3:雷凌	344.731
4:逸致	430.480
5:凱美瑞	644.885
6:銳志	638.436
7:漢蘭達	936.070
8:皇冠	901.222
9:普拉多	1145.410

型號	價格
威馳	8.58
卡羅拉	11.78
雷凌	11.98
逸致	15.98
凱美瑞	18.78
銳志	20.98
漢蘭達	23.98
皇冠	25.48
普拉多	38.98

圖9-4　車型排序結果圖　　　　圖9-5　原始數據車型排序

從圖9-4，9-5可以發現，車型的排序結果是一致的，從而可以知道，汽車的價格和我們設計的計算距離模型（發動機，油耗，車架尺寸的10個參數）的相關性很強。這種距離相關分析的結果，對客戶購車時比較不同車型的性價比很有參考意義。

第四節　低測度數據的相關性分析

如果遇到低測度數據，需要判斷它與低測度數據或高測度數據之間的相關性，需要根據數據類型以及數據組合之間的關係來決定分析方法，如圖9-6所示：

方差分析	定類、定序變量與正態分佈定距變量	因變量為定距變量或高測度定序變量且符合正態分佈，因素變量為定序變量或定類變量	以因素的不同水平進行分組，檢查不同分組的差異性，從而反應因素變量與因變量之間的關聯性
K 獨立樣本非參數檢驗	定類、定序變量與非正態定距變量	因變量為定距變量或高測度定序變量且不符合正態分佈，因素變量為定序變量	以因素的不同水平進行分組，檢查不同分組的差異性，從而反應因素變量與因變量之間的關聯性
交叉表分析	定業與低測度定序變量的相關性分析	低測度的定序變量與定類變量，基於其不同取值的交叉點計算各分組的頻數	基於交叉點的頻數實施卡方檢驗，發現不同分組之間頻數的差異性，進而反應定變量的獨立性
	定序變量的相關分析	兩列低測度的定序變量，基於其不同取值的交叉點計算各分組的頻數	基於交叉點的頻數實施卡方檢驗，發現不同分組之間頻數的差異性，進而反應變量之間的關聯性程度
	定類變量獨立性分析	兩列定類變量，基於不同取值的交叉點計算各分組的頻數	基於交叉點的頻數實施卡方檢驗，發現不同分組之間頻數的差異性，進而反應定類變量的獨立性

圖 9 - 6　數據類型與分析方法示意圖

接下來，我們就介紹低測度數據之間相關性分析技術 —— 交叉表分析. 低測度數據之間相關性分析在社會生活中經常遇到，例如，在社會調查中，戶籍與生活習慣之間的關係，戶籍與愛好之間的關係等，這些都屬於低測度數據相關性分析的範疇。

一、交叉表分析

選擇菜單【描述統計】-【交叉表格】；再選擇【*Statistics*】，對話框如圖 9 - 7 所示：

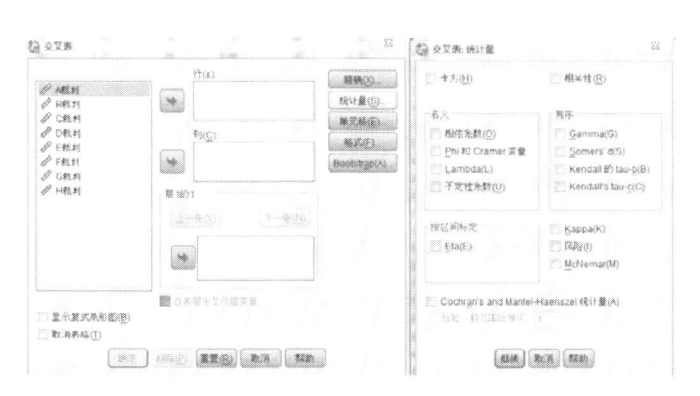

圖 9 - 7　交叉表格對話框

對於不同組合的低測度數據類型，用交叉表判斷它們的相關性，要用到不同的

統計量：

1. 定類變量的分析

由於定類變量的測度比較低，而且其大小和順序無實際意義，因此需要用到右圖的「名義」區域內的「相關係數」「Phi 和 Cramer V」「Lambda」「不確定性系數」。

2. 定序變量的分析

由於定序變量的數值大小有順序的意義，而且其測度水平通常高於定類變量。常見的分析方法位於「有序」區域內，依次為 Gamma 系數、Somers 系數、Kendall 的 tau-b 系數和 Kendall 的 tau-c 系數四類。

3. 定類-定距變量的分析

對於定類變量和定距變量構成的分析，可以使用 Eta 關聯繫數。另外，如果定距變量的測度較高，還可以根據定距變量是否符合正態分佈，以定距變量作為因變量，以定類變量作為因素變量，進行方差分析或者多獨立因素的非參數檢驗。對於在不同因素水平下，如果定距變量具有顯著性差異，那麼可以認為定類變量和定距變量之間具有顯著相關性。

4. 二分變量

McNemar 相關係數用於檢驗兩個有關聯的二分變量之間的相關性分析。

二、範例分析

現在有一份數據文件，記錄 880 人參與的關於早餐喜好的民意調查結果，該調查記錄了參與者的年齡、性別、婚姻狀況、生活方式以及早餐選擇。對不同年齡段與早餐選擇進行相關性分析。如表 9-10 所示：

表 9-10　　　　　　　關於早餐喜好的民意調查記錄

	agecat	gender	marital	active	breakfast
1	1	0	1	1	3
2	3	0	1	0	1
3	4	0	1	0	2
4	2	1	1	1	2
5	3	0	1	1	3
6	4	1	1	1	3
7	2	1	1	1	1
8	4	1	0	1	2
9	2	1	1	1	2

分析思路：

從表9-10可知,已經對年齡進行分段,對早餐選擇進行分類,新的年齡分段變量($agecat$)和早餐分類變量($breakfast$)屬於定類變量,需要用「名義」區域內的系數表示它們之間的相關性。

操作步驟：

(1) 選擇菜單【分析】-【描述統計】-【交叉表格】;將年齡分段選為行變量,將首選早餐選為列變量;將【顯示集群條形圖】選中,如圖9-8所示.

(2) 選擇【$Statistics$】,將名義區域內的系數都選中. 如圖9-9所示.

(3) 點擊【繼續】,再點擊【確定】,進入分析.

圖9-8　交叉表格對話框　　圖9-9　交叉表格:統計對話框

結果解讀：

(1) 交叉表結果如表9-11所示及直方圖如圖9-10所示：

表9-11　　年齡分段與首選早餐的交叉列表輸出結果

年齡分類 * 首選早餐 交叉製表

計數

		首選早餐			合計
		早餐鋪	麥片	谷類	
年齡分類	< 31	84	4	93	181
	31 ~ 45	90	24	92	206
	46 ~ 60	39	97	95	231
	> 60	18	185	59	262
合計		231	310	339	880

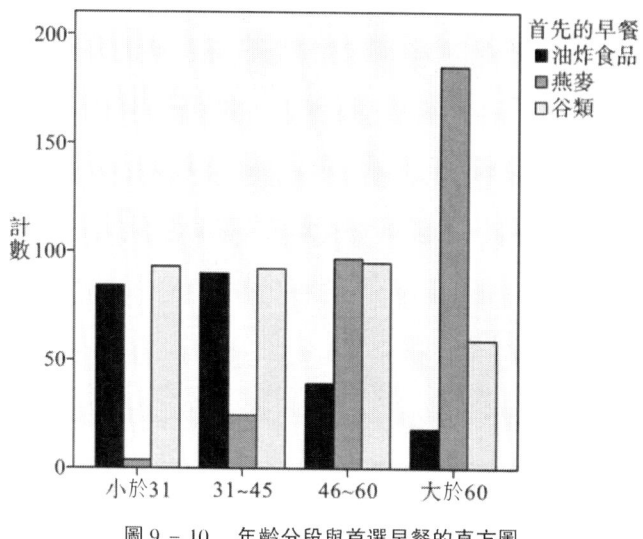

圖 9 - 10　年齡分段與首選早餐的直方圖

表 9 - 11 顯示了不同年齡段和不同早餐選擇之間的頻數分佈,從表 9 - 11 中可以看到頻數在不同年齡段和早餐選擇之間的頻數變化.直方圖可以直觀的觀察不同年齡段對應不同早餐選擇的變化,從圖 9 - 10 發現,綠色條隨著年齡段的增加而增加,藍色條則相反,灰色條基本沒有變化,這些都說明不同年齡段和早餐選擇之間存在相關性,但是相關性的強弱到底如何還需要進一步的數據.

（2）相關係數：

表 9 - 12　　　　　　　　　相關係數輸出表

對稱度量

		值	近似值 *Sig.*
按標量標定	φ	.593	.000
	Cramer 的 V	.419	.000
	相依係數	.510	.000
有效案例中的 N		880	

表 9 - 12 顯示三個相關係數,都是通過卡方統計量修改而來.從結果來看,介於 0.4 ~ 0.6 之間,說明不同年齡段和早餐選擇之間存在一定的相關性.

(3) 相依系數、lambda 系數和不確定系數

表 9-13　　　　　　　　　有方向性的測量輸出結果表

方向度量

		值	漸進標準誤差[a]	近似值 T^{b}	近似值 Sig.
	對稱的	.204	.019	9.949	.000
Lambda	年齡分類 因變量	.175	.024	6.848	.000
	首選早餐 因變量	.237	.034	6.265	.000
按標量標定 Goodman 和 Kruskal tau	年齡分類 因變量	.121	.011		.000[c]
	首選早餐 因變量	.175	.015		.000[c]
	對稱的	.162	.014	11.432	.000[d]
不定性系數	年齡分類 因變量	.145	.013	11.432	.000[d]
	首選早餐 因變量	.183	.016	11.432	.000[d]

a. 不假定零假設。
b. 使用漸進標準誤差假定零假設。
c. 基於卡方近似值。
d. 似然比卡方概率。

　　lambda 系數表示變量之間預測結果的好壞,數值介於 0～1 之間,從表 9-13 可知,年齡段與早餐選擇之間的預測結果比較差.

　　不確定系數是以熵為標準的比例縮減誤差,表示一個變量的信息在多大程度上來源於另一個變量. 1 表示程度最高,0 表示程度最低. 從表 9-13 可知,這個系數的值也不高.

　　最終結論:

　　從相關分析的結果來看,不同年齡段的人對早餐的選擇存在差異性,也就是說兩個定類變量之間存在一定的相關性,從交叉表、直方圖和相關係數可以得到這個結果. 但是它們之間的相依程度不高,從 lambda 系數,不確定系數低於 0.2 可以知道,所以它們之間是不能在這些樣本的基礎上得到準確的迴歸方程的.

習題九

1. 最近幾年,大學畢業生的人數處於高峰,每年都有幾百萬大學畢業生進入社會. 大學老師總是對學生說先就業再擇業,但是這不等於工作時間長了,就能在薪金上超過工作時間短的同行. 大學生一定要在工作中不斷地學習和發展,才能形成自己的競爭力,得到自己滿意的薪水回報.

　　現在有一份某知名公司的財務報表,報表包括了 200 位員工的相關數據,要求對

該公司員工的入職時長和當前工資以及受教育年限與當前工資做相關性分析,以此為數據支持,提醒大學生,應該在哪些方面努力.

員工代碼	性別	出生日期	教育水平	當前年薪	起始年薪	入職時長
1	2	02/03/1972	15	114.000	54.000	144
2	2	05/23/1978	16	80.400	37.500	36
3	1	07/26/1979	12	42.900	24.000	381
4	1	04/15/1967	8	43.800	26.400	190
5	2	02/09/1975	15	90.000	42.000	138
6	2	08/22/1978	15	64.200	27.000	67
7	2	04/26/1976	15	72.000	37.500	114
8	1	05/06/1986	12	43.800	19.500	0
9	1	01/23/1966	15	55.800	25.500	115
10	1	02/13/1966	12	48.000	27.000	244
11	1	02/07/1970	16	60.600	33.000	143
12	2	01/11/1986	8	56.700	24.000	26
13	2	07/17/1980	15	55.500	28.500	34
14	1	02/26/1969	15	70.200	33.600	137
15	2	08/29/1982	12	54.600	27.000	66
16	2	11/17/1984	12	81.600	30.000	24

2. 一家物流公司的管理人員想研究貨物的運輸距離和運輸時間的關係,為此,他抽出了公司最近10個卡車運貨記錄的隨機樣本,得到運送距離(單位:km)和運送時間(單位:天)的數據如下:

運送距離 x	825	215	1,070	550	480	920	1,350	325	670	1,215
運送時間 y	3.5	1.0	4.0	2.0	1.0	3.0	4.5	1.5	3.0	5.0

要求:
(1) 繪製運送距離和運送時間的散點圖,判斷二者之間的關係形態;
(2) 計算線性相關係數,說明兩個變量之間的關係強度.
(3) 對其相關關係進行顯著性檢驗.

第十章　　線性迴歸分析

　　引言:相關分析可以揭示事物之間共同變化的一致性程度,但它僅僅只是反應出了一種相關關係,並沒有揭示出變量之間準確的可以運算的控制關係,也就是函數關係,不能解決針對未來的分析與預測問題.迴歸分析就是分析變量之間隱藏的內在規律,並建立變量之間函數變化關係的一種分析方法,迴歸分析的目標就是建立由一個因變量和若干自變量構成的迴歸方程式,使變量之間的相互控制關係通過這個方程式描述出來.迴歸方程式不僅能夠解釋現在個案內部隱藏的規律,明確每個自變量對因變量的作用程度,而且,基於有效的迴歸方程,還能形成更有意義的數學方面的預測關係.因此,迴歸分析是一種分析因素變量對因變量作用強度的歸因分析,它還是預測分析的重要基礎.

　　本章介紹線性迴歸的基礎知識,希望通過應用這部分知識,能夠幫助解決實際生活中的一些問題.

第一節　　線性迴歸分析的基礎知識

一、線性迴歸原理

　　迴歸分析就是建立變量的數學模型,建立起衡量數據聯繫強度的指標,並通過指標檢驗其符合的程度.線性迴歸分析中,如果僅有一個自變量,可以建立一元線性模型.如果存在多個自變量,則需要建立多元線性迴歸模型.線性迴歸的過程就是把各個自變量和因變量的個案值帶入到迴歸方程式當中,通過逐步迭代與擬合,最終找出迴歸方程式中的各個係數,構造出一個能夠盡可能體現自變量與因變量關係的函數式.在一元線性迴歸中,迴歸方程的確立就是逐步確定唯一自變量的係數和常數,並使方程能夠符合絕大多數個案的取值特點.在多元線性迴歸中,除了要確定各個自變量的係數和常數外,還要分析方程內的每個自變量是否是真正必需的,把迴歸方程中的非必需自變量剔除.

二、基本概念

　　(1) 線性迴歸方程:一次函數式,用於描述因變量與自變量之間的內在關係.根據自變量的個數,可以分為一元線性迴歸方程和多元線性迴歸方程.

（2）觀測值：參與迴歸分析的因變量的實際取值. 對參與線性迴歸分析的多個個案來講，它們在因變量上的取值，就是觀測值. 觀測值是一個數據序列，也就是線性迴歸分析過程中的因變量.

（3）迴歸值：把每個個案的自變量取值帶入迴歸方程後，通過計算所獲得的數值. 在迴歸分析中，針對每個個案，都能獲得一個迴歸值. 因此，迴歸值也是一個數據序列，迴歸值的數量與個案數相同. 在線性迴歸分析中，迴歸值也常常被稱為預測值，或者期望值.

（4）殘差：殘差是觀測值與迴歸值的差. 殘差反應的是依據迴歸方程所獲得的計算值與實際測量值的差距. 在線性迴歸中，殘差應該滿足正態分佈，而且全體個案的殘差之和為 0.

三、迴歸效果評價

在迴歸分析的評價中，通常使用全部殘差的平方之和表示殘差的量度，而以全體迴歸值的平方之和表示迴歸的量度. 通常有以下幾個評價指標：

1. 判定系數

為了能夠比較客觀地評價迴歸方程的質量，引入判定系數 R 方的概念：

$$R^2 = \frac{SSR}{SST} \qquad (10-1)$$

其中 SSR 表示由於 x 的變化引起的 y 取值變差，稱為迴歸平方和；SST 表示除 x 以外其他因素引起 y 取值變差，稱為殘差平方和.

判定系數 R 方的值在 0 ~ 1 之間，其值越接近 1，表示殘差的比例越低，即迴歸方程的擬合程度越高，迴歸值越能貼近觀測值，更能體現觀測數據的內在規律. 在一般的應用中，R 方大於 0.6 就表示迴歸方程有較好的質量.

2. F 值

F 值是迴歸分析中反應迴歸效果的重要指標，它以迴歸均方和與殘差均方和的比值表示，即 $F = $ 迴歸均方和／殘差均方和，在一般的線性迴歸中，F 值應該在 3.86 以上.

3. T 值

T 值是迴歸分析中反應每個自變量的作用力的重要指標. 在迴歸分析時，每個自變量都有自己的 T 值，T 值以相應自變量的偏迴歸系數與其標準誤差的比值來表示. 在一般的線性迴歸分析中，T 的絕對值應該大於 1.96. 如果某個自變量的 T 值小於 1.96，表示這個自變量對方程的影響力很小，應該盡可能把它從方程中剔除.

4. 檢驗概率（Sig 值）

迴歸方程的檢驗概率值共有兩種類型：整體 Sig 值和針對每個自變量的 Sig 值. 整體的 Sig 值反應了整個方程的影響力，而針對自變量的 Sig 值則反應了該自變量在迴歸方程中沒有作用的可能性. 只有 Sig 值小於 0.05，才表示有影響力.

第二節　線性迴歸分析的應用

一、一元線性迴歸分析

現在有一份《大學生學習狀況》的數據如表 10 - 1 所示,請分析作業情況與數學成績之間的關係,構造迴歸方程,並評價迴歸分析的效果.

表 10 - 1　　　　　　　　大學生學習狀況數據表

学号	姓名	性别	专业	zy	籍贯	爱好	ah	上网时间	游戏时间	作业情况	数学成绩
201601	纪海燕	女	生物工程	1	广东	科学	1	41	28.70	8	87.00
201602	李军	男	计算机	2	江西	文学	2	69	48.30	4	65.00
201603	明汉琴	女	应用化学	3	湖南	艺术	3	85	59.50	2	59.00
201604	沈亚杰	男	文学	4	浙江	科学	1	84	58.80	4	61.00
201605	时扬	男	经济学	5	山西	文学	2	57	39.90	4	70.00
201606	汤前前	女	英语	6	陕西	艺术	3	31	21.70	8	94.00
201607	王丹	女	生物工程	1	广东	科学	1	95	66.50	2	52.00
201608	吴凤祥	男	计算机	2	江西	文学	2	89	62.30	2	57.00
201609	肖前前	女	应用化学	3	湖南	艺术	3	53	37.10	6	76.00
201610	徐前云	女	文学	4	浙江	科学	1	71	49.70	4	63.00
201611	颜刚	男	经济学	5	山西	文学	2	48	33.60	6	78.00

通過 SPSS 軟件操作

(1)選擇菜單【分析】-【迴歸】-【線性】命令,啟動線性迴歸命令.

(2)將數學成績選為因變量,將作業情況選為自變量如圖 10 - 1 所示,點擊【確定】.

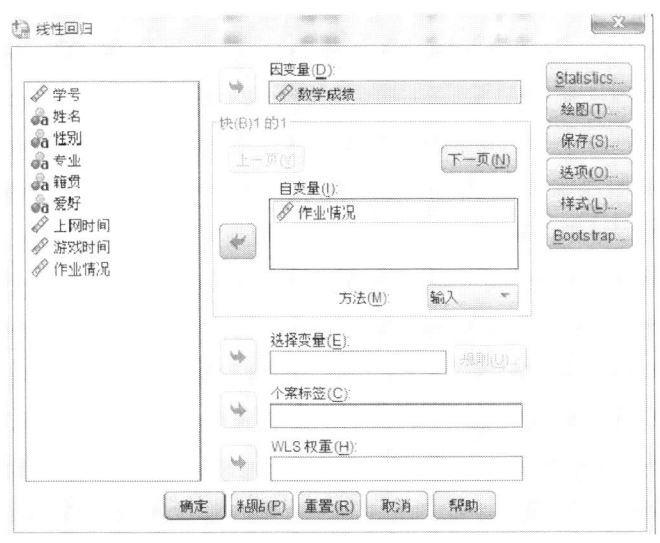

圖 10 - 1　線性迴歸對話框

得到如下表 10-2,並對其進行解釋.

表 10-2　　　　　一元線性迴歸分析輸出結果表

輸入／移去的變量[a]

模型	輸入的變量	移去的變量	方法
1	作業情況[b]	.	輸入

a.因變量：數學成績
b.已輸入所有請求的變量.

模型匯總

模型	R	R 方	調整 R 方	標準 估計的誤差
1	.959[a]	.919	.918	4.22262

a.預測變量：(常量),作業情況.

Anova[a]

模型		平方和	df	均方	F	Sig.
1	迴歸	11788.813	1	11788.813	661.159	.000[b]
	殘差	1034.171	58	17.831		
	總計	12822.983	59			

a.因變量：數學成績
b.預測變量：(常量),作業情況.

系數[a]

模型		非標準化系數		標準系數	t	Sig.
		B	標準 誤差	試用版		
1	(常量)	39.887	1.399		28.511	.000
	作業情況	6.539	.254	.959	25.713	.000

a.因變量：數學成績.

(1) 判定系數 R 方值為 0.919,表示此迴歸方程具有很好的質量.

(2) 在方差分析表格中,顯著性為 0.000,小於 0.05,表示迴歸方程具有很強的影響力,能夠很好地表達數學成績與作業情況的控制關係.

(3) 最後一個表格中的 B 列,常數為 39.887,作業情況的系數為 6.539,所以迴歸方程為 $y = 6.539x + 39.887$.

二、多元線性迴歸分析

接下來,我們繼續分析數學成績與專業、愛好、作業情況、上網時間和游戲時間之間的關係.

(1) 字符型數據數值化編碼,將愛好和專業進行數值化編碼。
(2) 選擇菜單【分析】-【迴歸】-【線性】命令。
(3) 將數學成績選入因變量,將數值化後的愛好、專業以及上網時間、游戲時間、作業情況選為自變量。
(4) 在自變量下的選項框中選擇【逐步】,如圖10-2所示:

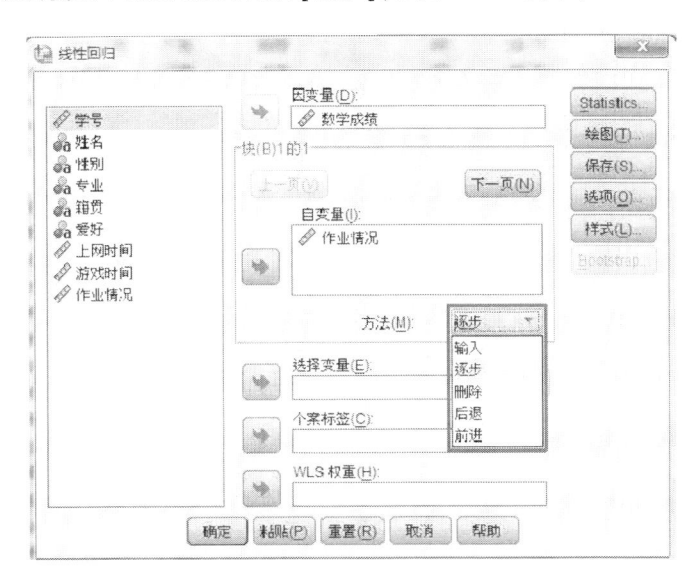

圖10-2 線性迴歸對話框

紅框內選項含義:
(1) 輸入:對於用戶提供的所有自變量,迴歸方程全部接納。
(2) 逐步:先檢查不在方程中的自變量,把 F 值最大(檢驗概率最小)且滿足進入條件的自變量選入方程中,接著,對已經進入方程的自變量,查找滿足移出條件的自變量(F 值最小且 F 檢驗概率滿足移出條件)將其移出。
(3) 前進:對於用戶提供的所有自變量,系統計算出所有自變量與因變量的相關係數,每次從尚未進入方程的自變量組中選擇與因變量具有最強正或負相關係數的自變量進入方程,然後檢驗此自變量的影響力,直到沒有進入方程的自變量都不滿足進入方程的標準為止。
(4) 後退:對於用戶提供的所有自變量,先讓它們全部強行進入方程,再逐個檢查,剔除不合格變量,直到方程中的所有變量都不滿足移出條件為止。
(5) 刪除:也叫一次性剔除方式,其思路是通過一次檢驗,而後剔除全部不合格變量。這種方法不能單獨使用,通常建立在前面已經構造出初步的迴歸方程的基礎上,與前面其他篩選方法結合使用。

結果表及其解釋:
(1) 表10-3是輸入/移去變量表格。

表 10 – 3　　　　　　　　　　輸入／移去變量表

模型	輸入的變量	移去的變量	方法
1	游戲時間	.	步進(準則：F-to-enter 的概率 $<=.050$, F-to-remove 的概率 $>=.100$)。
2	作業情況	.	步進(準則：F-to-enter 的概率 $<=.050$, F-to-remove 的概率 $>=.100$)。

*a.*因變量：數學成績.

即最後游戲時間和作業情況被納入到迴歸方程當中.

(2) 模型表格和方差分析表格

表 10 – 4,表 10 – 5 表明產生兩個迴歸模型,這是游戲時間和作業情況依次進入迴歸過程之後的結果,且第二個迴歸模型的 R 方值大於第一個,所以第二個迴歸方程比較好.

表 10 – 4　　　　　　　　　線性迴歸模型摘要

模型匯總

模型	R	R 方	調整 R 方	標準 估計的誤差
1	.986[a]	.972	.972	2.48878
2	.987[b]	.975	.974	2.38904

*a.*預測變量：(常量), 游戲時間.
*b.*預測變量：(常量), 游戲時間, 作業情況.

表 10 – 5　　　　　　　　　　因變量分析

$Anova^a$

模型		平方和	df	均方	F	$Sig.$
1	迴歸	12463.731	1	12463.731	2012.225	.000[b]
	殘差	359.252	58	6.194		
	總計	12822.983	59			
2	迴歸	12497.656	2	6248.828	1094.845	.000[c]
	殘差	325.327	57	5.707		
	總計	12822.983	59			

*a.*因變量：數學成績.
*b.*預測變量：(常量), 游戲時間.
*c.*預測變量：(常量), 游戲時間, 作業情況.

(3) 係數表格

表 10-6　　　　　　　　　線性迴歸係數表

係數ᵃ

模型		非標準化係數		標準係數	t	Sig.
		B	標準 誤差	試用版		
1	(常量)	110.358	.892		123.679	.000
	游戲時間	-.898	.020	-.986	-44.858	.000
2	(常量)	97.729	5.250		18.614	.000
	游戲時間	-.743	.067	-.815	-11.144	.000
	作業情況	1.216	.499	.178	2.438	.018

a.因變量：數學成績

由表 10-6 可知採用第二個迴歸模型是

$$y = -0.743 \times x_1 + 1.216 \times x_2 + 97.729,$$

其中 x_1 代表游戲時間, x_2 代表作業情況.

習題十

1. 下面是 7 個地區 2000 年的人均地區生產總值和人均消費水平的統計數據：

地區	人均地區生產總值(元)	人均消費水平(元)
北京	22,460	7,326
遼寧	11,226	4,490
上海	34,547	11,546
江西	4,851	2,396
河南	5,444	2,208
貴州	2,662	1,608
陝西	4,549	2,035

要求：

(1) 人均地區生產總值作自變量, 人均消費水平作因變量, 繪製散點圖, 並說明二者之間的關係形態.

(2) 計算兩個變量之間的線性相關係數, 說明兩個變量之間的關係強度.

(3) 利用最小二乘法求出估計的迴歸方程, 並解釋迴歸係數的實際意義.

(4) 計算判定係數, 並解釋其意義.

(5) 檢驗迴歸方程線性關係的顯著性($a = 0.05$).

(6) 如果某地區的人均地區生產總值為 5,000 元, 預測其人均消費水平.

2. 某汽車生產商欲瞭解廣告費用(x)對銷售量(y)的影響,收集了過去 12 年的有關數據. 通過計算得到下面的有關結果：

方差分析表

變差來源	df	SS	MS	F	$Significance F$
迴歸					$2.17E-09$
殘差		40,158.07		—	—
總計	11	1,642,866.67	—	—	—

參數估計表

	$Coefficients$	標準誤差	$tStat$	$P-value$
$Intercept$	363.689,1	62.455,29	5.823,191	0.000,168
$XVariable1$	1.420,211	0.071,091	19.977,49	$2.17E-09$

要求：
(1) 完成上面的方差分析表.
(2) 汽車銷售量的變差中有多少是由於廣告費用的變動引起的?
(3) 銷售量與廣告費用之間的相關係數是多少?
(4) 寫出估計的迴歸方程並解釋迴歸係數的實際意義.
(5) 檢驗線性關係的顯著性($a = 0.05$).

3. 一家電器銷售公司的管理人員認為,每月的銷售額是廣告費用的函數,並想通過廣告費用對月銷售額做出估計. 下面是近 8 個月的銷售額與廣告費用數據：

月銷售收入 y(萬元)	電視廣告費用 x_1(萬元)	報紙廣告費用 x_2(萬元)
96	5.0	1.5
90	2.0	2.0
95	4.0	1.5
92	2.5	2.5
95	3.0	3.3
94	3.5	2.3
94	2.5	4.2
94	3.0	2.5

要求：
(1) 用電視廣告費用作自變量,月銷售額作因變量,建立估計的迴歸方程.
(2) 用電視廣告費用和報紙廣告費用作自變量,月銷售額作因變量,建立估計的迴歸方程.
(3) 上述(1)和(2)所建立的估計方程,電視廣告費用的系數是否相同? 對其迴歸係數分別進行解釋.

（4）根據問題(2)所建立的估計方程,在銷售收入的總變差中,被估計的迴歸方程所解釋的比例是多少?

（5）根據問題(2)所建立的估計方程,檢驗迴歸系數是否顯著($a = 0.05$).

國家圖書館出版品預行編目(CIP)資料

應用數學實務與數據分析/ 張現強、葛麗艷、黃化人 主編. -- 第一版.
-- 臺北市：崧博出版：財經錢線文化發行, 2018.10

面； 公分

ISBN 978-957-735-555-3(平裝)

1.應用數學

319　　107016714

書　名：應用數學實務與數據分析
作　者：張現強、葛麗艷、黃化人 主編
發行人：黃振庭
出版者：崧博出版事業有限公司
發行者：財經錢線文化事業有限公司
E-mail：sonbookservice@gmail.com
粉絲頁　　　　　網　址：
地　址：台北市中正區延平南路六十一號五樓一室
8F.-815, No.61, Sec. 1, Chongqing S. Rd., Zhongzheng Dist., Taipei City 100, Taiwan (R.O.C.)
電　話：(02)2370-3310　傳　真：(02) 2370-3210
總經銷：紅螞蟻圖書有限公司
地　址：台北市內湖區舊宗路二段 121 巷 19 號
電　話：02-2795-3656　傳真：02-2795-4100　網址：
印　刷：京峯彩色印刷有限公司（京峰數位）

　　本書版權為西南財經大學出版社所有授權崧博出版事業有限公司獨家發行電子書及繁體書繁體版。若有其他相關權利及授權需求請與本公司聯繫。

定價：350 元
發行日期：2018 年 10 月第一版
◎ 本書以POD印製發行